战祥乐　赵战峰
[德] 克劳斯·雷克曼　冯安平　编著

数控编程工作任务
（基于德国标准）

U0317836

化学工业出版社
·北京·

图书在版编目（CIP）数据

数控编程工作任务：基于德国标准/战祥乐等编著．
北京：化学工业出版社，2015.9
ISBN 978-7-122-24662-2

Ⅰ.①数… Ⅱ.①战… Ⅲ.①数控机床-程序设计
Ⅳ.①TG659

中国版本图书馆 CIP 数据核字（2015）第 151881 号

责任编辑：贾　娜　　　　　　　　　　　文字编辑：张绪瑞
责任校对：宋　玮　　　　　　　　　　　装帧设计：刘丽华

出版发行：化学工业出版社（北京市东城区青年湖南街 13 号　邮政编码 100011）
印　　刷：北京永鑫印刷有限责任公司
装　　订：三河市宇新装订厂
787mm×1092mm　1/16　印张 8½　字数 121 千字　2015 年 10 月北京第 1 版第 1 次印刷

购书咨询：010-64518888（传真：010-64519686）　　售后服务：010-64518899
网　　址：http://www.cip.com.cn
凡购买本书，如有缺损质量问题，本社销售中心负责调换。

定　　价：36.00 元

广东是职业教育大省，具备良好的职业教育发展环境和氛围。近年来，广东适应经济发展方式转变和产业转型升级的要求，稳步推进现代职业教育建设，取得明显成效。现代职业教育是构建现代产业体系的重要支撑，产业转型升级的成败取决于对先进技术的自主创新能力和应用开发能力，取决于是否拥有一大批具备对先进技术自主创新能力和应用开发能力的高素质技术技能人才。为此，广东省委省政府提出了构建现代职业教育体系的战略目标。为实现这一战略目标，必须加快职业教育的国际化，学习借鉴国际先进的职业教育理念和方式，引进吸收国际先进技术、标准，深化教育教学改革，培养产业转型升级迫切需要的高素质技术技能人才。2010年6月，粤德高层互访后，广东省领导强调广东要与德国加强"双向交流"，加快引进德国先进技术，助推广东省产业转型升级。此后，广东省在职业教育领域更加注重与德国同行的交流与合作，开展了一系列卓有成效的活动，把重心放在引进德国先进技术标准上，以适应广东省先进制造业的发展需要。

德国数控标准采用的是 DIN 66025，是整个欧盟国家普遍采用的数控标准。近年来，广东轻工职业技术学院战祥乐老师及其团队在繁忙的教学工作之余，对这一标准作了深入研究，形成了《数控编程基础应用教程（基于德国标准）》、《数控编程高级应用教程（基于德国标准）》、《数控编程工作任务（基于德国标准）》系列图书。该系列图书以图解和项目的形式全面讲解了德国标准 DIN 66025 的内涵，引进了德国近年来在数控技术职业教育方面的成功经验，结合目前广东省职业院校比较普遍使用的 FANUC 数控系统，以编程对比的形式进行了详细的阐述。该系列图书内容全面，涵盖了数控车、数控铣、车铣复合、3+2 轴编程，全面讲解了 DIN 66025 的通用编程方法，也专门讲述了 FANUC、SINUMERIK、HEIDENHAIN 数控系统的编程。该系列图书分基础编程、高级编程，同时配有德国标准 DIN 66025 工作任务，基础应用教程和高级应用教程形成梯次递进的体系，有助于全面提高学生的数控编程能力。

据本人所知，该系列图书是我国首套全面讲解德国数控编程标准的专业书籍，为广东省职业教育引进德国先进标准迈出了可贵的第一步，是粤德职业教育合作和现代职业教育教学改革的重要成果。相信随着该系列图书的出版，将有力地推动广东省数控技术专业职业教育，进一步提升教学水平和人才培养质量。

魏中林

2015 年 5 月

随着经济结构调整、产业转型升级的深入，广东省积极借鉴欧盟国家特别是德国在自主创新、培养和使用人才等方面的经验与做法，引进更多的德资企业，加强双向交流合作，推动经济发展。因此，广东省与德国的合作呈不断上升的趋势。

广东省作为国家高技能人才培养的先进地区，在我国率先以数控技术专业为试点，制定实施职业教育等级证书制度。在该制度的制定实施过程中，充分参考德国先进的职业教育理念、标准和资源，积极探索国际合作培养高端技能人才的路径。这样既有助于提高广东省职业教育的整体教学水平，又可以引发我们对现有教育模式的反思，改变现有的不适应新形势的旧观念和做法，促进职业教育的教学改革。德国标准 DIN 66025 是国际上最先进的数控标准之一，编写本书的目的在于将其引入我国高职、中职学校数控技术专业的教学中。同时，有利于培养实用型高技能人才，提高数控技术专业教师的教学能力。

数控 PAL （prüfungsaufgaben und lehrmittelentwicklungsstelle） 是德国工商会 DIHK （Deutscher Industrie-und Handelskammertag） 应用数控标准 DIN 66025 进行数控编程教学及考核的简称。本书基于德国 DIN 66025 数控标准，以"工作纸"的形式设计工作任务，循序渐进地训练数控车、数控铣加工技能，可帮助读者顺利开展数控技能训练。

本书所有项目均通过德国 KELLER 软件的验证，所有编程项目均通过机床实际加工验证。

本书由广东轻工职业技术学院战祥乐、赵战峰，德国 Keller SYMplus CNC 公司总裁克劳斯·雷克曼，佛山职业技术学院冯安平共同编著。特别感谢德国 Keller SYMplus CNC 公司、Chinawindow 公司及德国工商会上海分会 AHK （Deutsche Auslandshandelskammern） 对本书提供的帮助与支持。感谢广东省教育厅魏中林副厅长为本书的出版作序，感谢广东省教育厅吴念香调研员为本书提出的大量指导性建议。

由于笔者的水平所限，不足之处在所难免，请广大读者斧正。

编著者

2015 年 5 月

第一章

数控车削工作任务

本章以六个任务，循序渐进、较全面地对 PAL 数控车削编程进行工作任务式训练。其中的任务一至任务四为单个零件加工，任务五和任务六为多个配合零件加工。

本工作任务使用的步骤如下：

① 教师发放零件图纸、刀具表、空白工序卡、留空的程序页给学生；

② 学生分析零件图纸，选择合适的机床和刀具，制订工艺路线；

③ 学生补全数控程序，执行仿真加工；

④ 学生在机床上实际加工。

任务一　外圆车削　　　任务二　内外圆加工　　　任务三　掉头车削外圆　　　任务四　掉头车削内外圆

任务五　装配件加工(一)

任务六　装配件加工(二)

任务编号：		数控车削刀具卡		姓名：	
页　　码：				日期：	
零件：		材料：45		程序号：	
图纸：		毛坯尺寸：		日期：	
刀具号	T1	T3	T5	T7	T9
刀尖圆角半径/mm	0.8	0.8	0.4		0.2
切削速度/(m/min)	200	200	240	120	120
最大吃刀量 a_p/mm	2.5	2.5	0.5	0.5	2
刀具材料	P10	P10	P10	P10	P10
每转进给量/(mm/r)	0.1～0.3	0.1～0.3	0.1～0.2	0.1～0.2	0.1～0.2
示意图	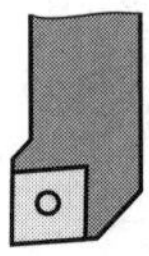	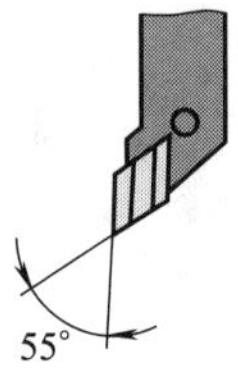	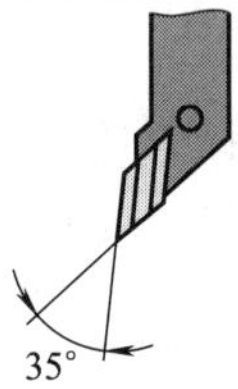	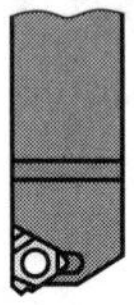	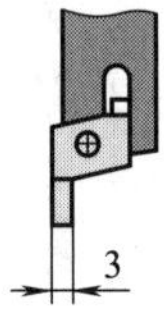
刀具号	T11	T2	T4	T6	T8
图示 Q 值/mm	16	16	16	16	16
刀尖圆角半径/mm	0.2	0.8	0.4	0.4	0.2
切削速度/(m/min)	120	180	220	120	140
最大吃刀量 a_p/mm	0.5	2.5	1.5	0.5	0.5
刀具材料	P10	P10	P10	P10	P10
每转进给量/(mm/r)	0.05～0.1	0.1～0.2	0.05～0.1	0.05～0.1	0.05～0.1
示意图	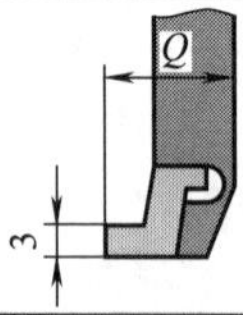	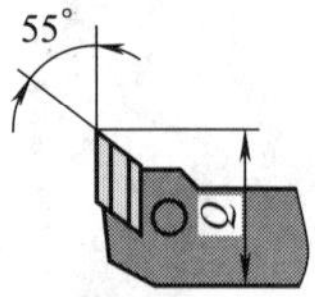	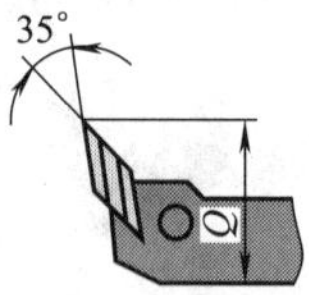	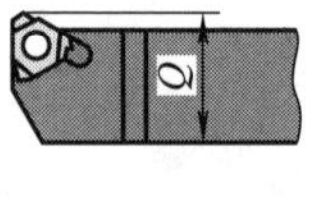	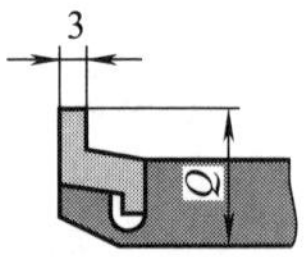
刀具号	T10	T12	T13	T14	T15
刀具直径/mm	20	M10×1.5	15	8.5	16
切削速度/(m/min)	120	100	30	30	30
最大吃刀量 a_p/mm					
刀具材料	P10	HSS	HSS	HSS	HSS
刀刃数	2		2	2	2
进给速度	0.15mm/r	1.5mm/r	110mm/min	110mm/min	110mm/min

续表

刀具号	T10	T12	T13	T14	T15
示意图	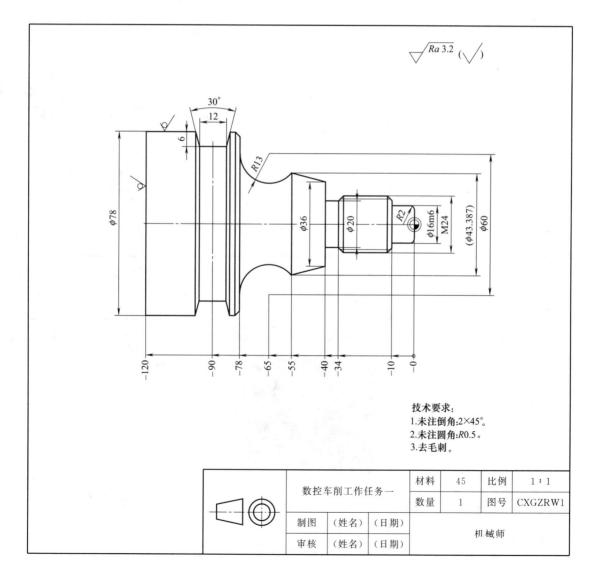				

注：1. 本表为本书所有数控车削任务共用刀具卡。

2. 数控刀具表中的切削用量参考自德国的数控刀具及机床，在实际生产或实训中，请根据实际所使用的刀具及机床调整切削参数。

数控车削工作任务一　外圆车削

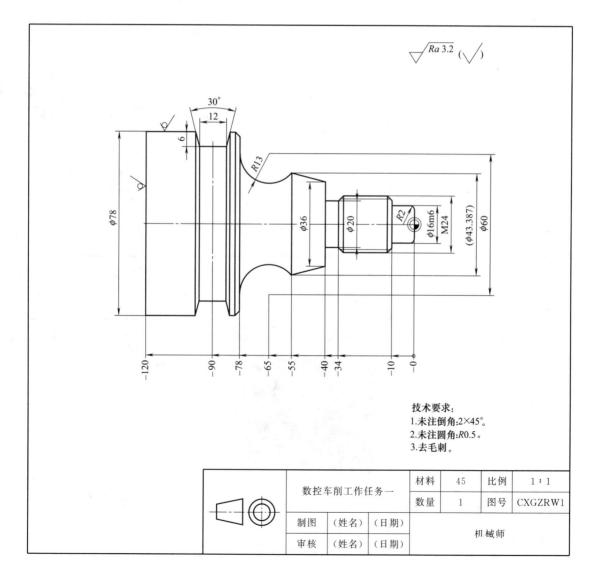

技术要求：
1. 未注倒角:2×45°。
2. 未注圆角:R0.5。
3. 去毛刺。

	数控车削工作任务一	材料	45	比例	1∶1
		数量	1	图号	CXGZRW1
	制图	（姓名）	（日期）	机械师	
	审核	（姓名）	（日期）		

1. 数控车削工艺卡

零件名称：	材料：		程序号：
图纸：	毛坯尺寸：$\phi 80 \times 120$		日期：

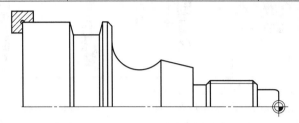

序号	内容	刀具	备注
1			
2			
3			
4			
5			
6			
7			
8			
9			
10			

2. PAL 数控编程

程序	工步说明	简图
N1 G54	设定工件坐标系零点	
N2 G92 S3000	设置最高主轴转速	

程序	工步说明	简图
; DAL80 N3 G96 S200 F0.3 T1 M4 N4 G0 X82 Z0.1 M8 N5 G1 X－1.6 N6 G0 Z1 N7 G0 X80 N8 （　） D3 AX0.5 AZ0.1 AV5 N9 G0 X0 N10 G1 Z0 N11 X16.013 （　） N12 Z－10 N13 X24 （　） N14 Z－32 N15 X20 Z－34 N16 Z－40 N17 X36 N18 X43.387 Z－55 N19 （　） X60 Z－78 R13 N20 G1 X78 RN－2 N21 Z－102 N22 （　） XA36 N23 G14 H0 M9	换 T1 号外圆车刀，车端面，粗车外圆	
; DAL35 N24 G96 S200 F0.2 T3 M4 N25 G0 X38 Z1 M8 N26 G81 D2 AX0.5 AZ0.2 N27 G23 N9 N17 N28 G80 N29 G14 H0 M9	换 T3 号外圆车刀，粗车外圆	
N30 T5 G95 F0.1 G96 S240 M4 N31 G0 X0 Z2 N32 G42 N33 G23 （　） （　） N34 G40 N35 G14 H0 M9	换 T5 号外圆车刀，精车外圆	
; GAR _ 3 N36 G97 （　） T7 M4 N37 G0 X24 Z－4 M8 N38 G31 X24 Z － 36.5 F2 （　） Q10 O2 N39 G14 M9	换 T7 号螺纹车刀，车削 M24×2 外螺纹，牙深 1.227	

续表

程序	工步说明	简图
；SAL3 N40 G96 S100 F0.1 T9 M4 N41 G0 X80 Z－90 M9 N42 G86 X66 Z－84 ET78（ ） （ ）（ ）D3 AK0.2（ ）H14 N43 G14 M9	换 T9 号径向车槽刀，粗精车外槽	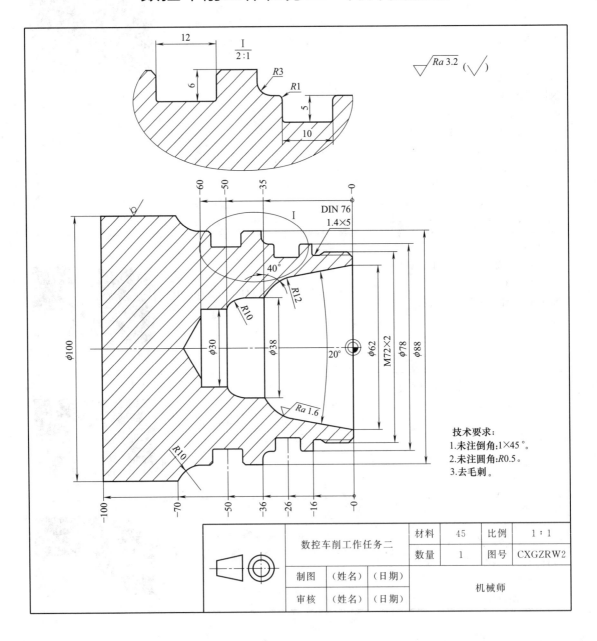
N44 M30	程序结束	

数控车削工作任务二　内外圆加工

技术要求：
1. 未注倒角：1×45°。
2. 未注圆角：R0.5。
3. 去毛刺。

	数控车削工作任务二	材料	45	比例	1:1
		数量	1	图号	CXGZRW2
	制图	（姓名）	（日期）		机械师
	审核	（姓名）	（日期）		

1. 数控车削工艺卡

零件名称：	材料：	程序号：
图纸：	毛坯尺寸：$\phi100\times100$	日期：

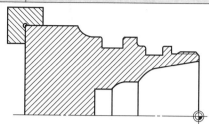

序号	内容	刀具	备注
1			
2			
3			
4			
5			
6			
7			
8			
9			
10			

2. PAL 数控编程

续表

程序	工步说明	简图
N1（　　） N2（　　）S3000	设定工件坐标系零点 设置最高主轴转速	
;DAL80 N3 G96 S200 F0.3 T1 M4 N4 G0 X102 Z0.1 M8 N5 G1 X18 N6 Z1 N7 G0 X100 N8 G81（　　）AX0.5 AZ0.1 AV5 N9 G1 X62 Z0 N10 X72 RN−2 N11 G85 X72 Z−16（　　）（　　） N12 X78 N13 Z−36（　　） N14 X88 N15 G61 AS180 N16（　　）XA100 ZA−70 R10 AT0 N17 G80 N18 G14 M9	换 T1 号外圆车刀，车端面，粗车外圆	
;VBO30 N19 G97 S1000 F0.1 T10 M3 N20 G0 X0 Z2 M8 N21 G84 ZA−60 N22 G14 M9	换 T10 号 ϕ20 钻头，钻孔，孔深 60	
;DIL80 N23 G96 S180 F0.2 T2 M4 N24 G0 X30 Z1 M8 N25 G81 D1.5 AX−0.5 AZ0.1 N26 G1 X62 Z0 N27 G61（　　）RN12 N28 G61（　　）ZA−35（　　） N29 G61 AS180 N30 G63 XA30 ZA−50 R10（　　） N31 G80 N32 G14 M9	换 T2 号内孔车刀，粗车内孔	

程序	工步说明	简图
;DIL35 N33 G96 S220 F0.1 T4 M4 N34 G0（　　）Z1 N35 G41 N36 G23 N26 N30 N37 G1 ZI－1 N38 G40 N39 G1 XI－2 N40 G0 Z1 N41 G14 M9	换 T4 号内孔车刀，精车内孔	
;DAL35 N42 G96 S200 F0.1 T3 M4 N43 G0 X60 Z1 N44（　　） N45 G23 N9 N16 N46 G1 ZI－1 N47 G40 N48 G1 XI2 N49 G14 M9	换 T3 号外圆车刀，精车外圆	
;GAR_2 N50 G97（　　）T7 M4 N51 G0 X72 Z6 M8 N52 G31 X72 Z－15（　　）D1.227 Q10 O2 N53 G14 M9	换 T7 号螺纹车刀，车削 M72×2 外螺纹，牙深 1.227	
;SAL3 N54 G96 S120 F0.1 T9 M4 N55 G0 X80 Z－26 N56 G86 X78 Z－21 ET68（　　）（　　） N57 G0 X90 N58 G0 Z－50 N59 G86 X88 Z－44 ET76（　　）（　　） N60 G14 M9	换 T9 号径向车槽刀，粗精车外槽	
N61 M30	程序结束	

数控车削工作任务三　掉头车削外圆

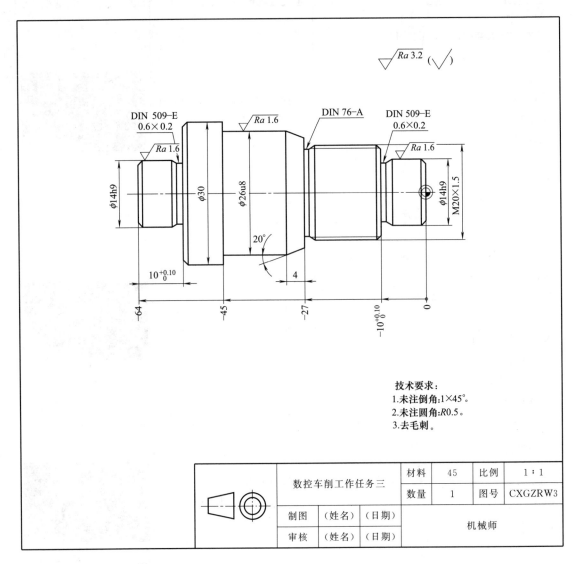

技术要求：
1.未注倒角:1×45°。
2.未注圆角:R0.5。
3.去毛刺。

	数控车削工作任务三	材料	45	比例	1∶1
		数量	1	图号	CXGZRW3
	制图	（姓名）	（日期）		机械师
	审核	（姓名）	（日期）		

1. 数控车削工艺卡

零件名称：	材料：	程序号：
图纸：	毛坯尺寸：$\phi32\times66$	日期：

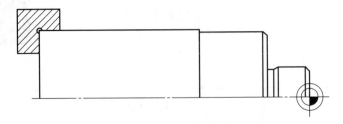

续表

序号	内容	刀具	备注
1			
2			
3			
4			
5			
6			
7			
8			
9			
10			

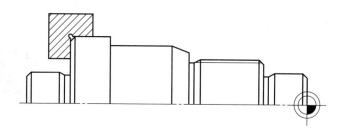

序号	内容	刀具	备注
1			
2			
3			
4			
5			
6			
7			
8			
9			
10			

2. PAL 数控编程

程序	工步说明	简图
N1 G54 N2 G92 S3000	设定工件坐标系零点 设置最高主轴转速	
;DAL80 N3 G96 S200 F0.3 T1 M4 N4 G0 X42 Z0.2 M8 N5 G1 X−1.6 N6 G0 Z1 N7 G0 X40 N8 （　）D2.5 AX0.5 AZ0.2 N9 G0 X0 N10 G1 Z0 N11 G1 X13.979 RN−1 N12 G85 X13.979 Z−10.05 I0.25 K2 H2 N13 G1 X30 RN−1 N14 Z−20 N15 X40 N16 G80 XA12 N17 G14 M9	换 T1 号外圆车刀，车端面，粗车外圆	
;DAL35 N18 G96 S240 F0.1 T5 M4 N19 G0 X0 Z1 M8 N20 （　　） N21 （　　）（　　）（　　） N22 G40 N23 G14 M9	换 T5 号外圆车刀，精车外圆	
;RE−CLAMPING N24 M999	掉头	

续表

程序	工步说明	简图
N25 G59 ZA－1	调整工件坐标系零点	
;DAL80 N26 G96 S200 F0. 3 T1 M4 N27 G0 X42 Z0. 2 M8 N28 G1 X－1. 6 N29 G0 Z1 N30 G0 X40 N31 G81 D2. 5 AX0. 5 AZ0. 2 N32 G0 X0 N33 G1 Z0 N34 G1 （　　）RN－1　;14h9 N35 （　　）X13. 979 Z－10. 05 I0. 25 K2 H2 N36 （　　）X20 RN－1 N37 （　　）X20 Z－28 I1. 15 K5. 2 N38 G1 （　　）;26u8－2＊4＊tan(20) N39 （　　）（　　）;26u8 N40 Z－45 N41 X40 N42 G80 XA12 N43 G14 M9	换 T1 号外圆车刀,车端面,粗车外圆	
;DAL35 N44 G96 S240 F0. 1 T5 M4 N45 G0 X0 Z1 M8 N46 G42 N47 G23 （　　）（　　） N48 G40 N49 G14 M9	换 T5 号外圆车刀,精车外圆	
;GAR_1. 5 N50 G97 （　　）T7 M4 N51 G0 X20 Z－4 M8 N52 G31 X20 Z－26 F1. 5 （　　）Q8 N53 G14 M9	换 T7 号螺纹车刀,车削 M20×1. 5 外螺纹,牙深 0. 92	
N54 M30	程序结束	

数控车削工作任务四　掉头车削内外圆

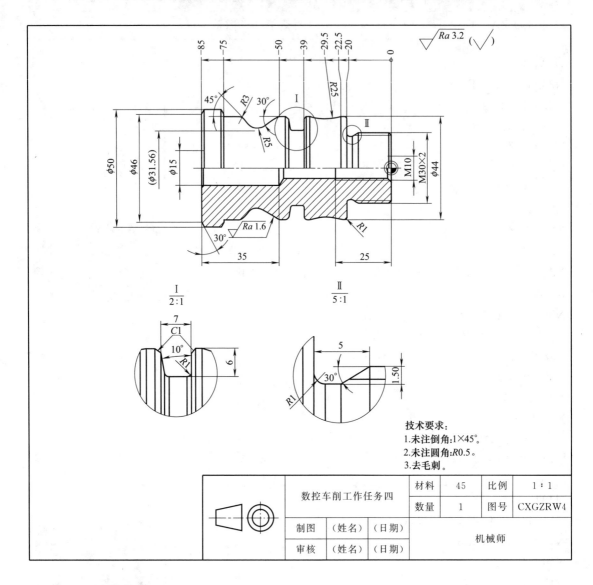

技术要求：
1.未注倒角:1×45°。
2.未注圆角:R0.5。
3.去毛刺。

数控车削工作任务四			材料	45	比例	1：1
			数量	1	图号	CXGZRW4
制图	（姓名）	（日期）		机械师		
审核	（姓名）	（日期）				

1. 数控车削工艺卡

零件名称：	材料：	程序号：
图纸：	毛坯尺寸：φ50 × 87	日期：

续表

序号	内容	刀具	备注
1			
2			
3			
4			
5			
6			
7			
8			
9			
10			

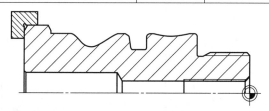

序号	内容	刀具	备注
1			
2			
3			
4			
5			
6			
7			
8			
9			
10			

2. PAL 数控编程

续表

程序	工步说明	简图
N1 G54 N2 G92 S3000	设定工件坐标系零点 设置最高主轴转速	
N3 G96 S200 G95 F0.3 T1 M4 N4 G0 Z0.1 X52 N5 G1 X−1.8 N6 G1 Z1 N7 G14 H0 M9	换 T1 号外圆车刀,车端面,粗车外圆	
N8 G97 S637 G95 F0.12 T13 M3 N9 G0 X0 Z3 N10 G84 ZA−35（　　）DR2 DM15 U1 O2 VB3 M8 N11 G14 H2 M9	换 T13 号 ϕ15 钻头,钻孔	
N12 G96（　）G95（　）T3 M4 N13 G0 Z2 X13 M8 N14（　　） N15 G1 Z0 N16 X46 N17 X52（　　） N18 G40 N19 G14 H0 M9	换 T3 号外圆车刀,精车外圆	
N20 M999	掉头	
N21 G55	调整工件坐标系零点	
N22 G96 S200 T1 M4 G95 F0.3 N23 G0 Z3 X52 M8 N24 G82 D1 H2 N25 G1 Z0 N26 G1 X−1.8 N27 G80 N28 G14 H0 M9	换 T1 号外圆车刀,车端面	
N29 G97（　）G95 F0.12 T14 M3 N30 G0 X0 Z3 N31（　）ZA−55 D20 DR2 DM15 U1 O2 VB3 M8 N32 G14 H1 M9	换 T14 号 ϕ8.5 钻头,钻 M10 螺纹底孔	

程序	工步说明	简图
N33 G97 S1000 T12 M3 N34 G0 X0 Z10 M8 N35 G32 Z−25 F1.5 N36 G14 H1 M9	换 T12 号丝锥，攻 M10× 1.5 螺纹	
N37 G96 S200 G95 F0.3 T3 M4 N38 G0 Z2 X52 N39 G81 D3 H2 AX0.5 AZ0.1 E0.12 N40 G0 X22 M8 N41 G1 Z−2 X30 N42 G85 （　　）（　　）I1.5 K5 H1 F0.18 N43 G1 XA44 RN1 N44 ZI−2.5 X44 N45 G2 ZI−14 X44 R25 N46 G1 Z−50 N47 XA31.556 AS210 RN5 N48 XA44 AS135 RN3 N49 Z−75 N50 X46 N51 X52 AS120 N52 G80 N53 G14 H0 M9	换 T3 号外圆车刀，粗车外圆	
N54 G96 S240 G95 F0.1 T5 M4 N55 G0 Z2 X10 M8 N56 G42 N57 G1 Z0 N58 X26 N59 G23 N41 N51 N60 G40 N61 G14 H0 M9	换 T5 号外圆车刀，精车外圆	
N62 G96 S120 G95 F0.15 T9 M4 N63 G0 Z−45 X45 M8 N64 G86 X44 Z−39 ET32 （　　）AS0 AE10 （　　）RU1 D3 AK0.2 EP1 H14 N65 G14 H1 M9	换 T9 号外圆车槽刀，车外槽	

续表

程序	工步说明	简图
N66 T7 G97 S1000 M4 N67 G0 Z6 X32 M8 N68 G31 X30 Z－17.5 F2（　　）Q10 O2 H14 N69 G14 H0 M9	换 T7 号螺纹车刀，车削 M20×1.5 外螺纹，牙深 0.92	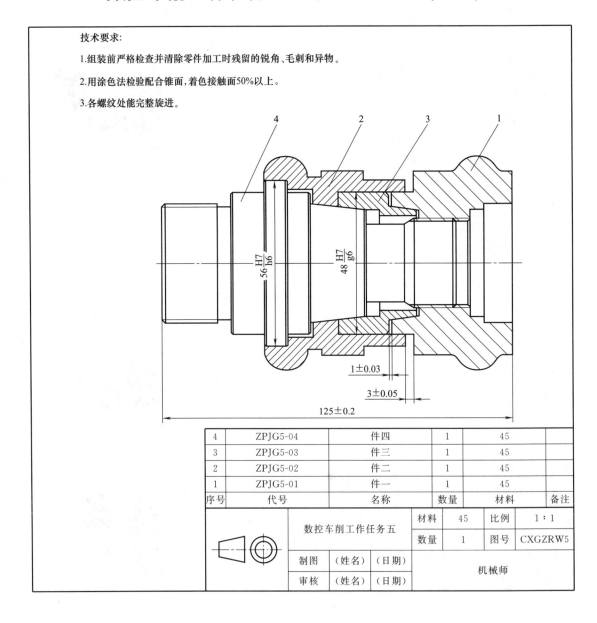
N70 M30	程序结束	

数控车削工作任务五　装配件加工（一）

技术要求:

1.组装前严格检查并清除零件加工时残留的锐角、毛刺和异物。

2.用涂色法检验配合锥面，着色接触面50%以上。

3.各螺纹处能完整旋进。

$56\frac{H7}{h6}$

$48\frac{H7}{g6}$

1 ± 0.03

3 ± 0.05

125 ± 0.2

4	ZPJG5-04	件四	1	45	
3	ZPJG5-03	件三	1	45	
2	ZPJG5-02	件二	1	45	
1	ZPJG5-01	件一	1	45	
序号	代号	名称	数量	材料	备注

	数控车削工作任务五	材料	45	比例	1:1
		数量	1	图号	CXGZRW5
制图	（姓名）（日期）	机械师			
审核	（姓名）（日期）				

一、数控车削工作任务五（一）

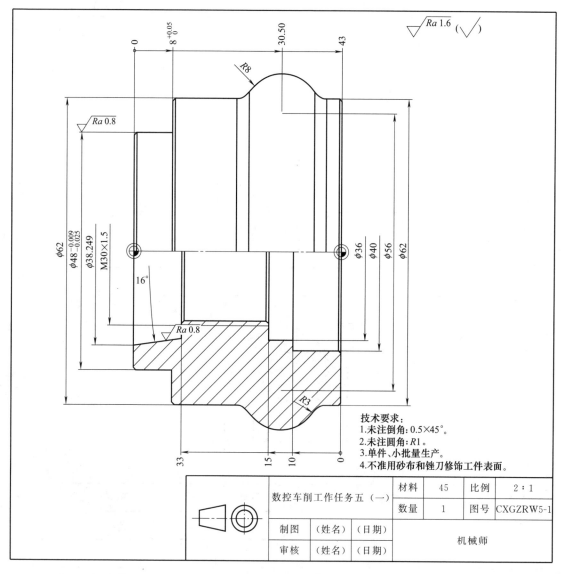

技术要求：
1. 未注倒角：0.5×45°。
2. 未注圆角：R1。
3. 单件、小批量生产。
4. 不准用砂布和锉刀修饰工件表面。

	数控车削工作任务五（一）	材料	45	比例	2:1
		数量	1	图号	CXGZRW5-1
	制图	（姓名）	（日期）	机械师	
	审核	（姓名）	（日期）		

1. 数控车削工艺卡

零件名称：	材料：	程序号：
图纸：	毛坯尺寸：$\phi75×45$	日期：

续表

序号	内容	刀具	备注
1			
2			
3			
4			
5			
6			
7			
8			
9			
10			

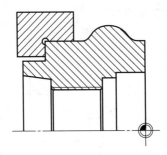

序号	内容	刀具	备注
1			
2			
3			
4			
5			
6			
7			
8			
9			
10			

2. PAL 数控编程

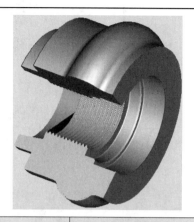

程序	工步说明	简图
N1 G54 N2 G92 S3000	设定工件坐标系零点 设置最高主轴转速	
N3 G96 F0.3 S200 T1 M4 N4 G0（　　）Z0 M8 N5 G1 X18 N6 Z2 N7 G14 H0 M9	换 T1 号外圆车刀,车端面	
N8 G96 F0.3 S200 T3 M4 N9 G0 X77 Z1 M8 N10 G81 D2.5 AX0.4 AZ0.2 N11 G0（　　） N12 G1 X47.983 Z−0.5 N13 Z−8 N14 X62 RN−0.5 N15 Z−23（　　） N16 G3 X72 Z−30.5 R8 N17 G1 Z−33 N18 G80 N19 G14 H0 M9	换 T3 号外圆车刀,粗车外圆	
N20 G97（　　）F0.05 T10（　　） N21 G0 X0 Z5 N22 G84（　　）D10 M8 N23 G14 H2 M9	换 T10 号 φ20 钻头,钻孔	

续表

程序	工步说明	简图
N24 G96 F0.2 S180 T2 M4 N25 G0（　　　）Z1 M8 N26 G81 D1.5 AX−0.4 AZ0.2 N27 G0 X38.53 N28 G1（　　　）（　　　）M8 N29 X28.16 N30 Z−30 N31（　　　） N32 G80 N33 G14 H2 M9	换 T2 号内孔车刀，粗车内孔	
N34 G96 F0.1 S240 T5 M4 N35（　　　） N36 G0 X44.97 Z1 M8 N37 G23 N12 N17 N38 G40 N39 G14 H0 M9	换 T5 号外圆车刀，精车外圆	
N40 G96 F0.1 S220 T4 M4 N41 G41 N42 G0（　　　）Z1 M8 N43 G23（　　　）（　　　） N44（　　　） N45（　　　）H2 M9	换 T4 号内孔车刀，精车内孔	
N46 M999	掉头	
N47 G55 N48 G92 S3000	调整工件坐标系零点	
N49 G96 F0.3 S200 T1　M4 N50 G0 X82 Z0 N51 G1 X−1.6 M8 N52 Z1 N53 G14 H0 M9	换 T1 号外圆车刀，车端面	

程序	工步说明	简图
N54 G96 F0.3 S200 T3 M4 N55 G0（　）Z1 M8 N56 G81 D2.5 AX0.4 AZ0.2 N57 G0（　）M8 N58 G1 Z−5（　） N59（　）X72 Z−12.5 R8 N60 G1 Z−15 N61 G80 N62 G14 H0 M9	换 T3 号外圆车刀，粗车外圆	
N63 G96 F0.2 S180 T2 M4 N64 G0（　）Z1 M8 N65 G81 D1.5 AX−0.4 AZ0.2 N66 G0 X37 N67 G1 X40（　）M8 N68 Z−10 N69 X36（　） N70 Z−15 N71 X18 N72 G80 N73 G14 H2 M9	换 T2 号内孔车刀，粗车内孔	
N74 G96 F0.1 S240 T5 M4 N75（　） N76 G0 X62 Z1 N77（　）N58 N60 N78 G40 N79 G14 H0 M9	换 T5 号外圆车刀，精车外圆	
N80 G96 F0.1 S220 T4 M4 N81（　） N82 G0 X35 Z2 N83 G23 N67 N71 N84 G40 N85 G14 H2 M9	换 T4 号内孔车刀，精车内孔	

续表

程序	工步说明	简图
N86 G97（　　）（　　）M4 N87 G0 X28.16 N88 Z－10 M8 N89 G31（　　）Z－35（　　）D0.92 Q8 O2 N90 G14 H2 M9	换 T6 号内螺纹车刀，车削 M30×1.5 内螺纹，牙深 0.92	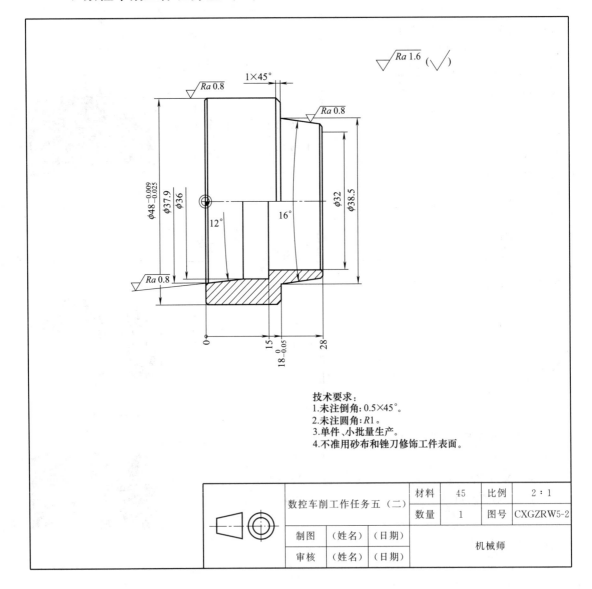
N91 M30	程序结束	

二、数控车削工作任务五（二）

技术要求：
1. 未注倒角：0.5×45°。
2. 未注圆角：R1。
3. 单件、小批量生产。
4. 不准用砂布和锉刀修饰工件表面。

	数控车削工作任务五（二）	材料	45	比例	2∶1
		数量	1	图号	CXGZRW5-2
制图	（姓名）　（日期）				
审核	（姓名）　（日期）		机械师		

1. 数控车削工艺卡

零件名称：	材料：	程序号：
图纸：	毛坯尺寸：$\phi 50 \times 30$	日期：

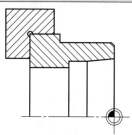

序号	内容	刀具	备注
1			
2			
3			
4			
5			
6			
7			
8			
9			
10			

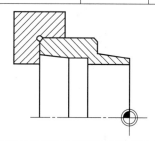

序号	内容	刀具	备注
1			
2			
3			
4			
5			
6			
7			
8			
9			
10			

2. PAL 数控编程

程序	工步说明	简图
N1 （ ） N2 G92 S3000	设定工件坐标系零点 设置最高主轴转速	
N3 G96 F0.3 S200 T1 M4 N4 G0 X52 Z0 M8 N5 G1 X18 N6 Z1 N7 G0 X48.4 N8 G1 Z−20 N9 G14 H0 M9	换 T1 号外圆车刀，车端面，粗车外圆	
N10 G96 F0.3 S200 T3 M4 N11 G42 N12 G0 X43.983 Z2 M8 N13 G1 （ ）Z−0.5 N14 Z−20 N15 G40 N16 G14 H0 M9	换 T3 号外圆车刀，精车外圆	
N17 G97 （ ）F0.05 T10 M3 N18 G0 X0 Z5 M8 N19 G84 ZA−30 D10 N20 G14 H2 M9	换 T10 号 ϕ20 钻头，钻孔	
N21 G96 F0.2 S180 T2 M4 N22 G0 X18 Z1 M8 N23 G81 （ ）AX−0.4 AZ0.2 N24 G0 X38.11	换 T2 号内孔车刀，粗车内孔	

续表

程序	工步说明	简图
N25 G1 X36（　　）M8 N26 Z－15 N27 X32 N28 Z－30 N29 G80 N30 G14 H2 M9	换 T2 号内孔车刀，粗车内孔	
N31 G96（　）（　　）T4 M4 N32（　　） N33 G0 X38.53 Z1 M8 N34 G23（　　）（　　） N35 G40 N36 G0 X18 N37 G14 H2 M9	换 T4 号内孔车刀，精车内孔	
N38 M999	掉头	
N39（　　） N40 G92 S3000	调整工件坐标系零点	
N41 G96 F0.3 S200（　　）M4 N42 G0 X52 Z0 N43 G1 X28（　　） N44 Z1 N45 G14 H0 M9	换 T1 号外圆车刀，车端面	
N46 G96 F0.3 S200 T3 M4 N47 G0 X52 Z1 M8 N48 G81 D2.5 AX0.4 AZ0.2 N49 G0（　　）M8 N50 G1 Z－10（　　） N51 X46.97 N52 X52（　　） N53（　　） N54 G14 H0 M9	换 T3 号外圆车刀，粗车外圆	
N55 G96 F0.1 S240 T5 M4 N56 G42 N57 G0（　　）Z1 N58 G23（　　）（　　） N59 G40 N60 G14 H0 M9	换 T5 号外圆车刀，精车外圆	
N61 M30	程序结束	

三、数控车削工作任务五（三）

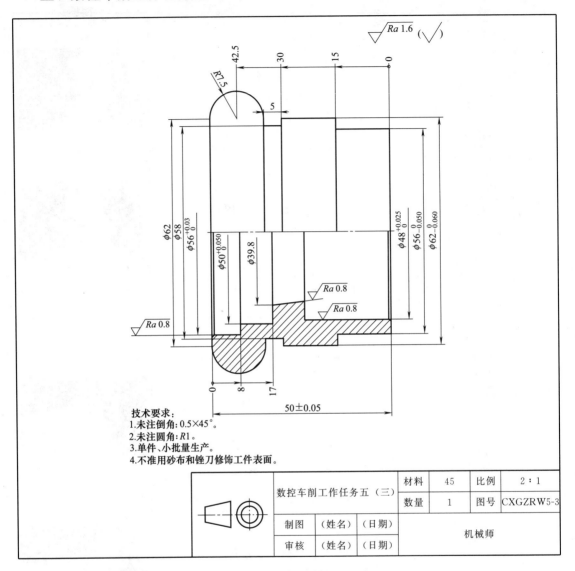

技术要求：
1.未注倒角：0.5×45°。
2.未注圆角：R1。
3.单件、小批量生产。
4.不准用砂布和锉刀修饰工件表面。

	数控车削工作任务五（三）	材料	45	比例	2∶1
		数量	1	图号	CXGZRW5-3
	制图	（姓名）	（日期）	机械师	
	审核	（姓名）	（日期）		

1. 数控车削工艺卡

零件名称：	材料：	程序号：
图纸：	毛坯尺寸：φ75 × 52	日期：

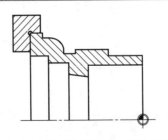

续表

序号	内容	刀具	备注
1			
2			
3			
4			
5			
6			
7			
8			
9			
10			

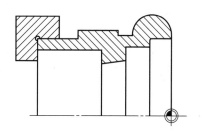

序号	内容	刀具	备注
1			
2			
3			
4			
5			
6			
7			
8			
9			
10			

2. PAL 数控编程

程序	工步说明	简图
N1 （　　） N2 G92 S3000	设定工件坐标系零点 设置最高主轴转速	
N3 （　　）F0.3 S200 T1 M4 N4 G0 X77 Z0 M8 N5 G1 X18 N6 Z2 N7 G14 H0 M9	换 T1 号外圆车刀，车端面	
N8 G96 F0.3 S200 T3 M4 N9 G0 X77 Z1 M8 N10 （　　　　　　　） N11 G0 X55.975 N12 G1 Z−14.975 N13 X61.975 N14 Z−35 N15 G3 X72.432 Z−42.5 R8 N16 G1 Z−45 N17 G80 N18 G14 H0 M9	换 T3 号外圆车刀，精车外圆	
N19 G97 S1910 F0.05 T10 M3 N20 G0 X0 Z5 M8 N21 （　　　　　　　） N22 G14 H2 M9	换 T10 号 $\phi20$ 钻头，钻孔	

续表

程序	工步说明	简图
N23 G96 F0.2 S180 T2 M4 N24 G0 X18 Z1 M8 N25 G81 D1.5 AX−0.4 AZ0.2 N26 G0 （　　） N27 G1 Z−24 M8 N28 X18 N29 G80 N30 G14 H2 M9	换 T2 号内孔车刀，粗车内孔	
N31 G96 F0.1 S120 T9 M4 N32 G0 X64 Z−35 M8 N33 G86 X64 Z−35 （　　）（　　）AS0 N34 G14 H1 M9	换 T9 号外车槽刀，车外槽	
N35 G96 F0.1 S240 T5 M4 N36 G42 N37 G0 （　　）Z1 M8 N38 G23 N12 N16 N39 G40 N40 G14 H0 M9	换 T5 号外圆车刀，精车外圆	
N41 G96 F0.1 S220 T4 M4 N42 （　　） N43 G0 X48.025 Z1 M8 N44 G23 （　　）（　　） N45 （　　） N46 G14 H2 M9	换 T4 号内孔车刀，精车内孔	
N47 M999	掉头	
N48 G55 N49 G92 S3000	调整工件坐标系零点	
N50 G96 F0.3 S200 T1 M4 N51 G0 X82 Z0 N52 G1 X18 M8 N53 Z1 N54 G14 H0 M9	换 T1 号外圆车刀，车端面	

续表

程序	工步说明	简图
N55 G96 F0.3 S200 T3 M4 N56 G0 （　　）Z1 M8 N57 G81 D2.5 AX0.4 AZ0.2 N58 G0 X62 M8 N59 G1 Z0 N60 G3 X72.432 （　　）（　　） N61 G1 Z-10 N62 G80 N63 G14 H0 M9	换 T3 号外圆车刀，粗车外圆	
N64 G96 F0.2 S180 T2 M4 N65 G0 X18 Z1 M8 N66 （　　）D1.5 AX-0.4 AZ0.2 N67 G0 X56.015 N68 G1 Z-8 M8 N69 （　　） N70 Z-17 N71 X39.8 N72 Z-28 （　　） N73 （　　） N74 G14 H2 M9	换 T2 号内孔车刀，粗车内孔	
N75 G96 F0.1 S240 T5 M4 N76 （　　） N77 G0 X62 Z1 N78 （　　）N59 N61 N79 G40 N80 G14 H0 M9	换 T5 号外圆车刀，精车外圆	
N81 G96 F0.1 S220 T4 M4 N82 （　　） N83 G0 （　　）Z1 N84 G23 （　　）（　　） N85 （　　） N86 G14 H2 M9	换 T4 号内孔车刀，精车内孔	
N87 M30	程序结束	

四、数控车削工作任务五（四）

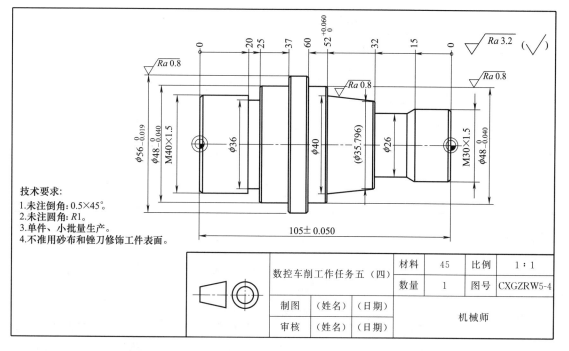

技术要求：
1. 未注倒角：0.5×45°。
2. 未注圆角：R1。
3. 单件、小批量生产。
4. 不准用砂布和锉刀修饰工件表面。

	数控车削工作任务五（四）	材料	45	比例	1：1
		数量	1	图号	CXGZRW5-4
	制图	（姓名）	（日期）	机械师	
	审核	（姓名）	（日期）		

1. 数控车削工艺卡

零件名称：		材料：		程序号：	
图纸：		毛坯尺寸：$\phi58 \times 107$		日期：	

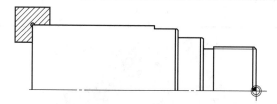

序号	内容	刀具	备注
1			
2			
3			
4			
5			
6			
7			
8			
9			
10			

续表

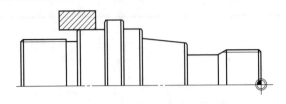

序号	内容	刀具	备注
1			
2			
3			
4			
5			
6			
7			
8			
9			
10			

2. PAL 数控编程

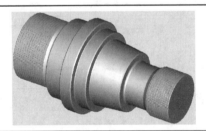

程序	工步说明	简图
N1 G54 N2 G92 S3000	设定工件坐标系零点 设置最高主轴转速	
N3 G96 F0.3 S200 T1 M4 N4 G0 X62 Z0 M8 N5 G1 X−1.6 N6 Z2 N7 G14 H0 M9	换 T1 号外圆车刀，车端面	

续表

程序	工步说明	简图
N8 G96 F0.3 S200 T3 M4 N9 G0 X62 Z1 M8 N10 G81（　　）AX0.4 AZ0.2 N11 G0 X37 N12 G1 X40 Z−0.5 N13 G85 X40 Z−25 I1.2 K5 H1 N14（　　　　　） N15 Z−37 N16 X55.991 RN−0.5 N17 Z−47 N18（　　） N19（　　）H0 M9	换 T3 号外圆车刀, 粗车外圆	
N20 G96 F0.1 S240 T5 M4 N21 G42 N22 G0 X37 Z1 M8 N23（　　　　　） N24 G40 N25 G14 H0 M9	换 T5 号外圆车刀, 精车外圆	
N26 G97 S1000 T7 M4 N27 G0 X40 Z4.5 M8 N28 G31 X40 Z−23 F1.5（　　　　）Q8 O2 N29 G14 H0 M9	换 T7 号外螺纹车刀, 车外螺纹 M40×1.5	
N30 M999	掉头	
N31 G55 N32 G92 S3000	调整工件坐标系零点	
N33 G96 F0.3 S200 T1 M4 N34 G0 X82 Z0 N35 G1（　　）M8 N36 Z2 N37 G14 H0 M9	换 T1 号外圆车刀, 车端面	
N38 G96 F0.3 S200 T3 M4 N39 G0 X62 Z1 M8 N40 G81 D2.5（　　）（　　　） N41 G0 X27 M8 N42 G1 X30 Z−0.5 N43 G85 X30（　　）I2 K17 H1 N44 G1 X35.769 RN−0.5 N45（　　）（　　　） N46 X47.98 RN−0.5 N47 Z−60 N48 X54.98 N49 X58 AS135 N50 G80 N51（　　　　　）	换 T3 号外圆车刀, 粗车外圆	

续表

程序	工步说明	简图
N52 G96 F0.1 S240 T5 M4 N53 G42 N54 G0 X27 Z1 N55 G23 （　　）（　　） N56 （　　　） N57 G14 （　　）M9	换 T5 号外圆车刀，精车外圆	
N58 G97 （　　　）T7 M4 N59 G0 X30 Z4.5 M8 N60 G31 （　　　　　　） N61 G14 H0 M9	换 T7 号外螺纹车刀，车外螺纹 M30×1.5	
N62 M30	程序结束	

数控车削工作任务六　装配件加工（二）

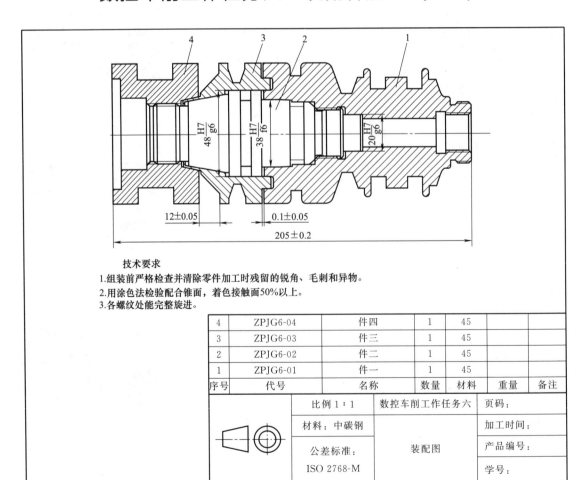

技术要求

1.组装前严格检查并清除零件加工时残留的锐角、毛刺和异物。

2.用涂色法检验配合锥面，着色接触面50%以上。

3.各螺纹处能完整旋进。

4	ZPJG6-04	件四	1	45		
3	ZPJG6-03	件三	1	45		
2	ZPJG6-02	件二	1	45		
1	ZPJG6-01	件一	1	45		
序号	代号	名称	数量	材料	重量	备注

	比例 1:1	数控车削工作任务六	页码：
	材料：中碳钢		加工时间：
	公差标准： ISO 2768-M	装配图	产品编号： 学号：

一、数控车削工作任务六（一）

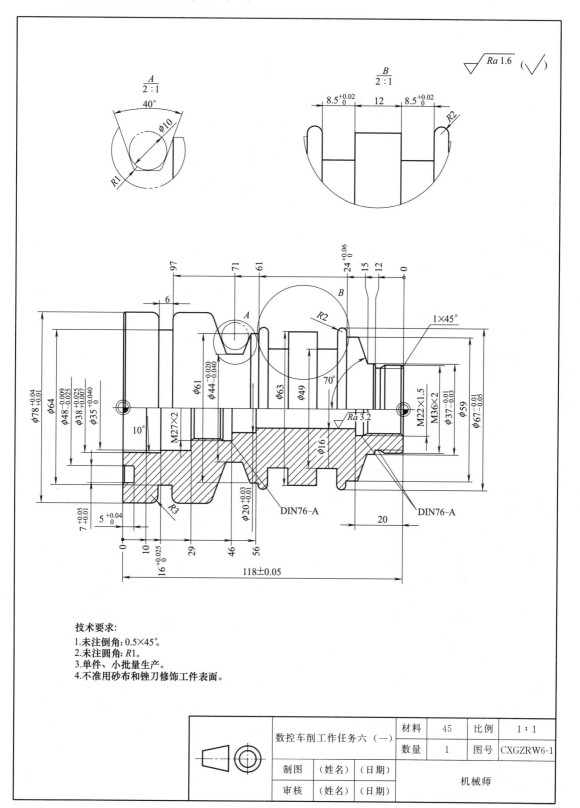

技术要求：
1. 未注倒角：0.5×45°。
2. 未注圆角：R1。
3. 单件、小批量生产。
4. 不准用砂布和锉刀修饰工件表面。

	数控车削工作任务六（一）	材料	45	比例	1：1
		数量	1	图号	CXGZRW6-1
	制图	（姓名）	（日期）	机械师	
	审核	（姓名）	（日期）		

1. 数控车削工艺卡

零件名称：	材料：	程序号：
图纸：	毛坯尺寸：$\phi 80 \times 120$	日期：

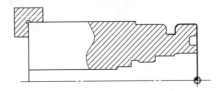

序号	内容	刀具	备注
1			
2			
3			
4			
5			
6			
7			
8			
9			
10			

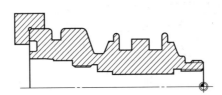

序号	内容	刀具	备注
1			
2			
3			
4			
5			
6			
7			
8			
9			
10			

2. PAL 数控编程

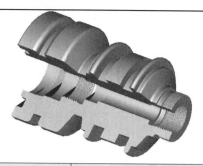

程序	工步说明	简图
N1 G54 N2 G92 S3000	设定工件坐标系零点 设置最高主轴转速	
N3 G96 F0.3 S200 T1 M4 N4 G0 X82 Z0 M8 N5 G1 X18 N6 Z1 N7 X76.4 N8 Z0.2 N9 G3 X78.4 Z−0.8 R1 N10 G1 Z−38 N11 G14 H0 M9	换 T1 号外圆车刀，车端面	
N12 G97（　　　）T10 M3 N13 G0 X0 Z5 M8 N14 G84（　　　）D10 F0.05 N15 G14 H2 M9	换 T10 号 $\phi20$ 钻头，钻孔，孔深 56	
N16 G96 F0.2 S180 T2 M4 N17 G0 X18 Z1 M8 N18 G81（　　　　　　　） N19 G0 X38.016 N20 G1 Z−10 M8 N21 Z−16.013（　　） N22 X35.02 N23（　　） N24 X26.16 RN−0.5 N25 G85 X26.16 Z−46.012 I1.15 K5 N26 G1 X20.02 N27（　　） N28 X18 N29 G80 N30 G14 H2 M9	换 T2 号内孔车刀，粗车内孔	

续表

程序	工步说明	简图
N31 G96 F0.1 S240 T5 M4 N32 G42 N33 G0 X60 Z2 M8 N34 G1 Z0 N35 （　　　）RN1 N36 Z－38 N37 G40 N38 G14 H0 M9	换 T5 号外圆车刀，精车外圆	
N39 G96 F0.1 S220 T4 M4 N40 G41 N41 G0 X38.016 Z1 M8 N42 G23 （　　　）（　　　） N43 G40 N44 G14 H2 M9	换 T4 号内孔车刀，精车内孔	
N45 G96 F0.1 S120 T9 M4 N46 G0 X82 Z－21 N47 G86 （　　　　　　） N48 G14 H1 M9	换 T9 号径向车槽刀，车径向槽	
N49 G96 F0.1 S120 T11 M3 N50 G0 X47.98 Z1 M8 N51 G88 （　　　　　　） N52 G14 H0 M9	换 T11 号轴向车槽刀，车轴向槽	
N53 G97 （　　　）T6 M4 N54 G0 X26.16 N55 Z－24.5 M8 N56 G31 X25.16 Z－44 （　）（　） Q8 O2 N57 G14 H2 M9	换 T6 号内螺纹车刀，车削 M27×1.5 内螺纹，牙深 0.92	
N58 M999	掉头	
N59 G55 N60 G92 S3000	调整工件坐标系零点	
N61 G96 F0.3 S200 T1 M4 N62 G0 X82 Z0 N63 G1 X14 M8 N64 Z1 N65 G14 H0 M9	换 T1 号外圆车刀，车端面	

续表

程序	工步说明	简图
N66 G96 F0. 3 S200 T3 M4 N67 G0 X82 Z1 M8 N68 G81 (　　　)AX0. 4 AZ0. 2 N69 G0 X34 M8 N70 G1 X36 Z−1 N71 G85 X36 (　　　)I1 K5 N72 G1 X36. 98 RN−0. 5 N73 Z−15 RN2 N74 X59 AS110 (　　　) N75 (　　　) N76 X66. 97 RN2 N77 Z−79. 051 N78 X77. 986 (　　　)RN3 N79 Z−97 N80 G80 N81 G14 H0 M9	换 T3 号外圆车刀,粗车外圆	
N82 G97 S597 T15 M3 N83 G0 X0 Z5 M8 N84 G84 (　　　)D10 F0. 05 N85 G14 H2 M9	换 T15 号 ϕ16 钻头,钻孔,孔深 64	
N86 G96 F0. 2 S180 T2 M4 N87 G0 X18. 16 Z1 M8 N88 G1 X20. 16 Z−1 M8 N89 G85 (　　　)Z−20 I1 K5 N90 X16 N91 G14 H2 M9	换 T2 号内孔车刀,粗车内孔	
N92 G96 F0. 1 S240 T5 M4 N93 (　　　) N94 G0 X31 Z1 M8 N95 G23 N70 N79 N96 G40 N97 G14 H0 M9	换 T5 号外圆车刀,精车外圆	
N98 G96 F0. 1 S220 T4 M4 N99 G41 N100 G0 X18. 16 Z1 M8 N101 G1 (　　　)Z−1 M8 N102 G85 X20. 16 Z−20 I1 K5 N103 X16 N104 G40 N105 G14 H2 M9	换 T4 号内孔车刀,精车内孔	

续表

程序	工步说明	简图
N106 G96 F0.1 S120 T9 M4 N107 G0 X82 Z−57 M8 N108 G86 X66.97 （　　　　）ET63 EB29 AK0.2 EP1 H14 DB80 N109 G86 X66.97 （　　　　） ET49 EB8.51 RO2 AK0.2 EP1 H14 DB80 N110 G86 X66.97 （　　　　）ET49 EB−8.51 RO2 AK0.2 EP1 H14 DB80 N111 G0 X73 N112 Z−79.051 N113 G86 （　　　　）Z−79.051 （　　　）（　　　　） AS20 AE20 RU1 D3 AX0.4 EP1 H14 DB80 N114 G0 X73 N115 Z−65 N116 G1 X61.4 N117 G0 X73 N118 （　　　　） N119 G1 X66.97 Z−63 N120 G3 X64.97 Z−65 R2 N121 G1 X61 N122 Z−71 N123 G40 N124 G14 H1 M9	换 T9 号径向车槽刀，车径向槽	
N125 G97 S1000 T6 M4 N126 G0 X20.16 N127 Z4.5 （　　　） N128 G31 （　　　　　　　） N129 G0 X18 N130 G14 H2 M9	换 T6 号内螺纹车刀，车削 M22×1.5 内螺纹，牙深 0.92	
N131 G97 S1000 T7 M4 N132 G0 X36 Z4.5 M8 N133 G31 X36 Z−10 （　　　）（　　　　）Q6 O1 N134 G14 H0 M9	换 T7 号外螺纹车刀，车削 M36×2 外螺纹，牙深 1.23	
N135 M30	程序结束	

二、数控车削工作任务六（二）

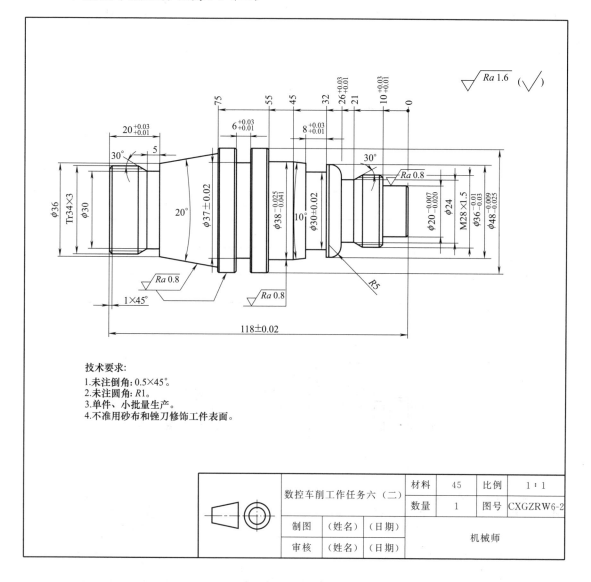

技术要求：
1.未注倒角：0.5×45°。
2.未注圆角：R1。
3.单件、小批量生产。
4.不准用砂布和锉刀修饰工件表面。

	数控车削工作任务六（二）	材料	45	比例	1：1
		数量	1	图号	CXGZRW6-2
	制图	（姓名）	（日期）		机械师
	审核	（姓名）	（日期）		

1. 数控车削工艺卡

零件名称：	材料：	程序号：
图纸：	毛坯尺寸：φ50 × 120	日期：

续表

序　号	内　容	刀　具	备　注
1			
2			
3			
4			
5			
6			
7			
8			
9			
10			

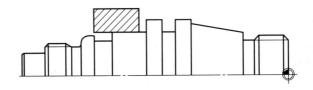

序　号	内　容	刀　具	备　注
1			
2			
3			
4			
5			
6			
7			
8			
9			
10			

2. PAL 数控编程

程序	工步说明	简图
N1 G54 N2 G92 S3000	设定工件坐标系零点 设置最高主轴转速	
N3 （　　　）F0. 3 S200 T1 M4 N4 G0 X52 Z0 M8 N5 G1 X－1. 6 N6 Z1 N7 G14 H0 M9	换 T1 号外圆车刀,车端面,粗车外圆	
N8 G96 F0. 3 S200 T3 M4 N9 G0 X50 Z1 M8 N10 G81 D2. 5 AX0. 4 AZ0. 2 N11 G0 X18. 98 N12 G1 X19. 98 Z－0. 5 N13 Z－10 N14 X28 RN－1. 5 N15 （　　　　　　　） N16 G1 X29 N17 G3 X34. 59 Z－32 （　　　） N18 G1 Z－40. 02 N19 X37. 125 N20 X37. 98 （　　） N21 Z－55. 01 N22 X47. 98 N23 Z－77 N24 G80 N25 G14 H0 M9	换 T3 号外圆车刀,精车外圆	
N26 G96 F0. 1 S120 T9 M4 N27 G0 X40 Z－40. 02 M8 N28 G86 X38 Z－40. 02 ET30 EB8. 02 AK0. 2 EP1 H14 DB80 N29 G0 X50 N30 Z－68 N31 （　　　　　　　　） N32 G14 H1 M9	换 T9 号径向车槽刀,车径向槽	

续表

程序	工步说明	简图
N33 G96 F0.1 S240 T5 M4 N34 （　　　　） N35 G0 X18.98 Z1 M8 N36 G23 N12 N23 N37 G40 N38 G14 H0 M9	换 T5 号外圆车刀，精车外圆	
N39 G97 S1000 T7 M4 N40 G0 X28 Z−5.5 M8 N41 G31 X28 Z−24 F1.5 D0.92 Q6 O1 N42 G14 H0 M9	换 T7 号外螺纹车刀，车削 M28×1.5 外螺纹，牙深 0.92	
N43 M999	掉头	
N44 G55 N45 G92 S3000	调整工件坐标系零点	
N46 G96 F0.3 S200 T1 M4 N47 G0 X52 Z0 M8 N48 G1 X−1.6 N49 Z1 N50 G14 H0 M9	换 T1 号外圆车刀，车端面	
N51 G96 F0.3 S200 T3 M4 N52 G0 X50 Z1 M8 N53 （　　　　　　　） N54 G0 X28 N55 G1 X34 Z−2 N56 Z−13 N57 X30 （　　　） N58 Z−20.02 N59 X36 N60 Z−43 AS170 N61 X50 N62 G80 N63 G14 H0 M9	换 T3 号外圆车刀，粗车外圆	
N64 G96 F0.1 S240 T5 M4 N65 （　　　） N66 G0 X28 Z1 M8 N67 （　　　　　） N68 G40 N69 G14 H0 M9	换 T5 号外圆车刀，精车外圆	

续表

程序	工步说明	简图
N70 G97 S1000 T7 M4 N71 G0 X34 Z6 M8 N72 (　　　　　　　　) N73 G14 H0 M9	换 T7 号外梯形螺纹车刀,车削 M34×3 外梯形螺纹,牙深 1.75	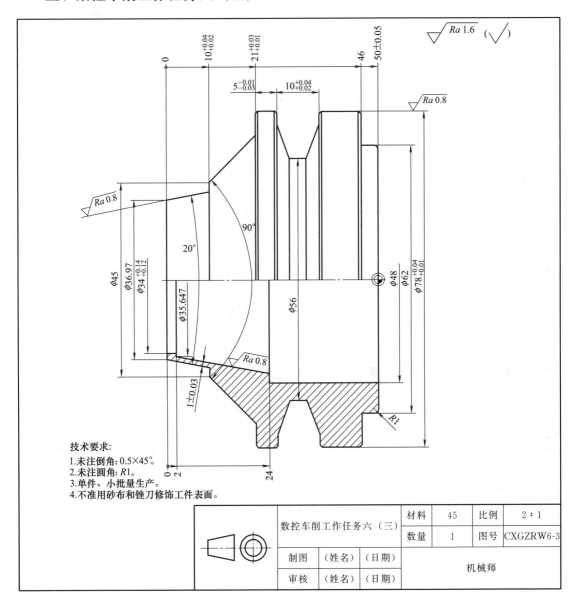
N74 M30	程序结束	

三、数控车削工作任务六（三）

技术要求:
1.未注倒角: 0.5×45°。
2.未注圆角: R1。
3.单件、小批量生产。
4.不准用砂布和锉刀修饰工件表面。

	数控车削工作任务六（三）	材料	45	比例	2:1
		数量	1	图号	CXGZRW6-3
	制图	（姓名）	（日期）	机械师	
	审核	（姓名）	（日期）		

1. 数控车削工艺卡

零件名称：	材料：	程序号：
图纸：	毛坯尺寸：$\phi80 \times 52$	日期：

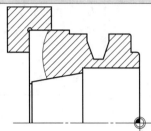

序　号	内　容	刀　具	备　注
1			
2			
3			
4			
5			
6			
7			
8			
9			
10			

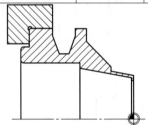

序　号	内　容	刀　具	备　注
1			
2			
3			
4			
5			
6			
7			
8			
9			
10			

2. PAL 数控编程

程序	工步说明	简图
N1 G54 N2 （　　　）S3000	设定工件坐标系零点 设置最高主轴转速	
N3 G96 F0.3 S200 T1 （　　　） N4 G0 X82 Z0 M8 N5 G1 X18 N6 Z2 N7 G14 H0 M9	换 T1 号外圆车刀，车 端面	
N8 G96 F0.3 S200 T3 M4 N9 G0 X80 Z1 M8 N10 （　　　　　　　　） N11 G0 X58 N12 G1 Z0 N13 （　　　）（　　　） N14 Z－4 N15 X78 RN1 N16 Z－30 N17 G80 N18 G14 H0 M9	换 T3 号外圆车刀，精 车外圆	
N19 G97 S1910 T10 M3 N20 G0 X0 Z5 M8 N21 （　　　　　　　　） N22 G14 H2 M9	换 T10 号 ϕ20 钻头，钻 孔，孔深 52	

程序	工步说明	简图
N23 G96 F0. 2 S180 T2 M4 N24 G0 X18 M8 N25 Z2 N26 G81 D1. 5 AX−0. 4 AZ0. 2 N27 G0 X50 N28 G1 Z0 M8 N29 （ ）（ ） N30 Z−26. 06 N31 X43. 758 N32 Z−49 AS190 N33 X34. 13 N34 Z−52 N35 G80 N36 G14 H2 M9	换 T2 号内孔车刀，粗车内孔	
N37 G96 F0. 1 S240 T5 M4 N38 G42 N39 G0 （ ）Z1 M8 N40 G23 N12 N16 N41 G40 N42 G14 H0 M9	换 T5 号外圆车刀，精车外圆	
N43 G96 F0. 1 S220 T4 M4 N44 G41 N45 G0 X62 Z1 M8 N46 G23 N28 N34 N47 G40 N48 G14 H2 M9	换 T4 号内孔车刀，精车内孔	

续表

程序	工步说明	简图
N49 G96 F0. 1 S120 T9 M4 N50 G0 X80 Z－24 M8 N51 (　　　　　　　) N52 (　　　　　　　) N53 G0 X90 N54 G41 N55 G0 X80 Z－24 N56 G1 X72 N57 (　　　)(　　　) N58 Z－20 N59 G0 X90 N60 G40 N61 G42 N62 G0 X80 Z－16.97 N63 G1 X72 N64 X56.01 (　　　) N65 Z－20 N66 G40 N67 G14 H1 M9	换 T9 号外车槽刀,车外槽	
N68 M999	掉头	
N69 G55 N70 G92 S3000	调整工件坐标系零点	
N71 G96 F0. 3 S200 T1 M4 N72 G0 X82 Z0 N73 G1 (　　　)M8 N74 Z1 N75 G14 H0 M9	换 T1 号外圆车刀,车端面	
N76 G96 F0. 3 S200 T3 M4 N77 G0 (　　　)Z1 M8 N78 (　　　　　　　　) N79 G0 X36. 973 M8 N80 G1 Z－10. 03 (　　　) N81 X45 N82 Z－21. 02 (　　　) N83 X82 N84 (　　　) N85 G14 H0 M9	换 T3 号外圆车刀,粗车外圆	

续表

程序	工步说明	简图
N86 G96 F0.1 S240 T5 M4 N87 G42 N88 G0 ( )Z1 M8 N89 G23 N80 N83 N90 G40 N91 G14 H0 M9	换 T5 号外圆车刀，精车外圆	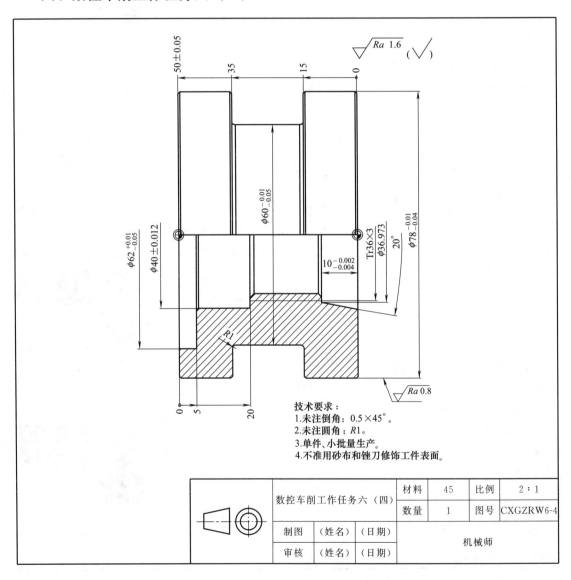
N92 M30	程序结束	

四、数控车削工作任务六（四）

技术要求：
1.未注倒角：0.5×45°。
2.未注圆角：R1。
3.单件、小批量生产。
4.不准用砂布和锉刀修饰工件表面。

	数控车削工作任务六（四）	材料	45	比例	2∶1
		数量	1	图号	CXGZRW6-4
	制图	（姓名）	（日期）	机械师	
	审核	（姓名）	（日期）		

1. 数控车削工艺卡

零件名称：	材料：	程序号：
图纸：	毛坯尺寸：$\phi 80 \times 52$	日期：

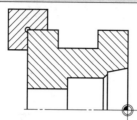

序　号	内　　容	刀　具	备　　注
1			
2			
3			
4			
5			
6			
7			
8			
9			
10			

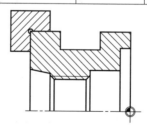

序　号	内　　容	刀　具	备　　注
1			
2			
3			
4			
5			
6			
7			
8			
9			
10			

2. PAL 数控编程

程序	工步说明	简图
N1 G54 N2 G92 S3000	设定工件坐标系零点 设置最高主轴转速	
N3 G96 F0.3 S200 T1 M4 N4 G0 X82 Z0 M8 N5 G1 X18 N6 Z2 N7 G0 （　　　） N8 G1 （　　　）Z－0.5 N9 （　　　） N10 G14 H0 M9	换 T1 号外圆车刀,车端面,粗车外圆	
N11 G97 S1910 T10 M3 N12 G0 X0 Z5 M8 N13 （　　　　　　　　） N14 G14 H2 M9	换 T10 号 φ20 钻头,钻孔,孔深 52	
N15 G96 F0.2 S180 T2 M4 N16 G0 X18 Z1 M8 N17 （　　　　　　　　） N18 G0 X40.852 N19 G1 Z－10 （　　　） N20 X30.5 （　　　） N21 Z－30 N22 X18 N23 G80 N24 G14 H2 M9	换 T2 号内孔车刀,粗车内孔	

续表

程序	工步说明	简图
N25 G96 F0.1 S240 T5 M4 N26 G42 N27 G0（　　　）Z1 M8 N28 G1（　　　）Z－0.5 N29 Z－36 N30 G40 N31 G14 H0 M9	换 T5 号外圆车刀，精车外圆	
N32 G96 F0.1 S220 T4 M4 N33 G41 N34 G0（　　　）Z1 M8 N35（　　　　　） N36 G40 N37 G14 H2 M9	换 T4 号内孔车刀，精车内孔	
N38 G96 F0.1 S120 T9 M4 N39 G0 X80 Z－35 M8 N40（　　　　　　　） N41 G14 H1 M9	换 T9 号外车槽刀，车外槽	
N42 M999	掉头	
N43 G55 N44 G92 S3000 M4	调整工件坐标系零点	
N45 G96 F0.3 S200 T1 M8 N46 G0 X82 Z0 M8 N47 G1 X18 N48 Z2 N49 G0 X75.4 N50 G1（　　　）Z－0.5 N51 Z－16 N52 G14 H0 M9	换 T1 号外圆车刀，车端面，粗车外圆	

续表

程序	工步说明	简图
N53 G96 F0.2 S180 T2 M4 N54 G0 X18 Z1 M8 N55 （　　　　　　　） N56 G0 X62.02 N57 G1 Z−5 N58 X40 N59 Z−20 N60 X33.5 N61 X28.5 AS45 N62 （　　） N63 G14 H2 M9	换 T2 号内孔车刀，粗车内孔	
N64 G96 F0.1 S240 T5 M4 N65 G42 N66 G0 （　　）Z1 M8 N67 G1 （　　）Z−0.5 N68 Z−16 N69 G40 N70 G14 H0 M9	换 T5 号外圆车刀，精车外圆	
N71 G96 F0.1 S220 T4 M4 N72 G41 N73 G0 X62.02 Z1 M8 N74 （　　　　　） N75 G40 N76 G14 H2 M9	换 T4 号内孔车刀，精车内孔	
N77 G97 （　　　）T6 M4 N78 G0 X30.5 N79 Z−14 M8 N80 （　　　　　　　） N81 G14 H2 M9	换 T6 号内梯形螺纹车刀，车内螺纹 Tr36×3	
N82 M30	程序结束	

第二章

数控铣削工作任务

本章以十五个项目，循序渐进、较全面地对 PAL 数控铣削编程进行工作任务式训练。

注意：数控程序中的切削用量参考自德国的数控刀具及机床，在实际生产或实训中，请根据实际所使用的刀具及机床调整切削参数。

数控铣削工作任务一　孔系

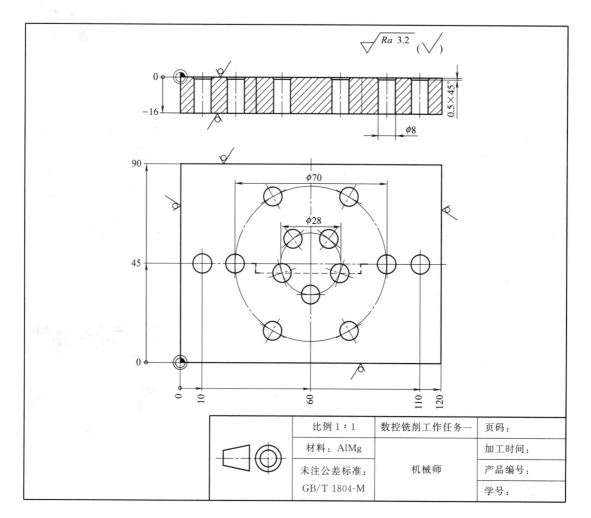

	比例 1：1	数控铣削工作任务一	页码：
	材料：AlMg		加工时间：
		机械师	产品编号：
	未注公差标准：		
	GB/T 1804-M		学号：

PAL 程序编程

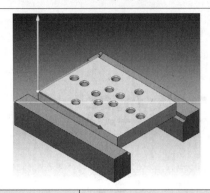

程　　　序	说　　　明	简　　图
N1（　　　）	设定工件坐标系零点	
N2 T1 F120 S800 M13	φ12 中心孔钻	
N3（　　）（　　　　）−4.5 V2 M8 N4（　　）X110 Y45 Z0 AS180 D100 O2 N5 G77（　　　　）JA45 Z0 R35 AN0 AI60 O6 N6 G77（　　　　）JA45 Z0 R14 AN54 AI72 O5 N7 G0 Z100 M9	钻中心孔	
N8 T10 F200 S1200 M13	φ8 麻花钻	
N9（　　）ZA−19 D7 V2 M8 N10 G23 N（　）N（　） N11 G0 Z100 M（　　）	钻孔	
N12 M30	程序结束	

数控铣削工作任务二　不同平面上的孔（不等高孔）

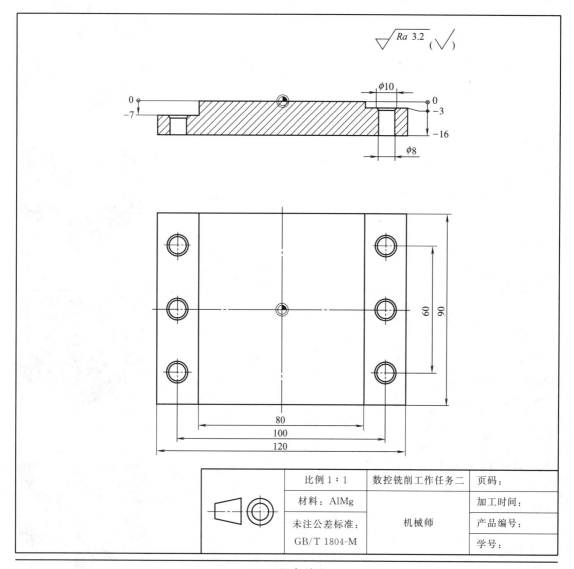

比例 1：1	数控铣削工作任务二	页码：
材料：AlMg		加工时间：
未注公差标准：	机械师	产品编号：
GB/T 1804-M		学号：

PAL 程序编程

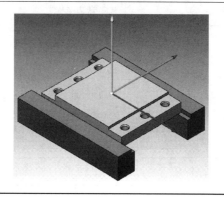

续表

程 序	说 明	简 图
N1 G54	设定工件坐标系零点	
N2（　　）XA60 YA45	坐标原点平移	
N3 T2 F480 S1000 M13	φ25 立铣刀	
N4 G0 X−52.5 Y−58 Z−7 N5 G1 Y58 N6 G0 X52.5 Z−3 N7 G1 Y−58 N8 G0 Z100 M9	加工两侧台阶	
N9 T1 F120 S800 M13	φ12 中心孔钻	
N10 G81 ZI−4.5 V1 F120 N11 G76 X−50 Y−30 Z−7 AS（　　） D30 O3 W2 N12 G76 X50 Y−30 Z−3 AS（　　） D30 O3 N13 G0 Z100 M9	钻中心孔	
N14 T10 F200 S1200 M13	φ8 麻花钻	
N15 G81 ZA−19 V1 N16 G76 X（　　）Y−30 Z−7 AS90 D30 O3 W2 N17 G76 X50 Y（　　）Z−3 AS90 D30 O3 N18 G0 Z100 M9	钻孔	
N19 M30	程序结束	

数控铣削工作任务三 矩形挖槽循环

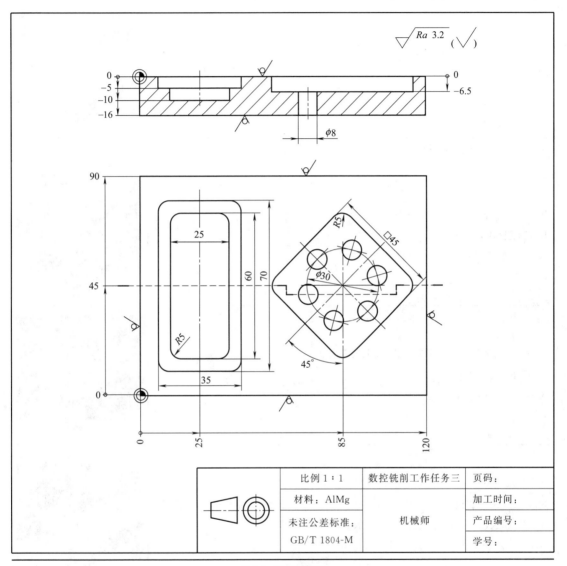

	比例 1:1	数控铣削工作任务三	页码：
	材料：AlMg		加工时间：
		机械师	产品编号：
	未注公差标准： GB/T 1804-M		学号：

PAL 程序编程

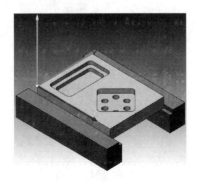

续表

程　序	说　明	简　图
N1 G54	设定工件坐标系零点	
N2 T8 F200 S2500 M3	ϕ10 键槽铣刀	
N3（　）ZA－5 LP70 BP35 D2.5 V2 RN5 E100 F200 M8 N4（　）X25 Y45 Z0 AR90	加工左侧深度 5 的矩形槽	
N5（　）ZA－10 LP60 BP25 D2.5 V2 RN5 E100 F200 N6（　）X25 Y45 Z（　）（　）	加工左侧深度 10 的矩形槽	
N7 G72 ZA－6.5 LP45 BP45 D2.5 V2 RN5 E100 F200 N8 G79 X（　）Y45 Z（　）AR45 N9 G0 Z100 M9	加工右侧深度 6.5 的矩形槽	
N10 T10 F200 S1200 M3	ϕ8 麻花钻	
N11 G82 ZA－19 D5 V2 M8 N12 G77 IA85 JA45 Z－6.5 R15 AN－45 AI60 O6 N13 G0 Z100 M9	钻 ϕ8 孔	
N14 M30	程序结束	

数控铣削工作任务四 圆形挖槽循环

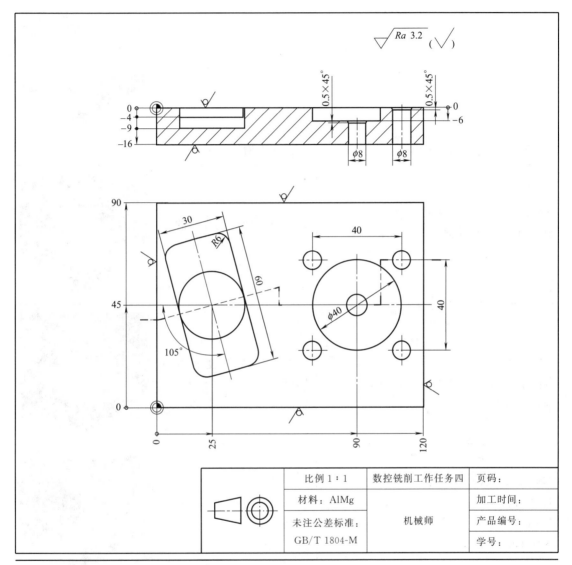

比例 1:1	数控铣削工作任务四	页码:
材料:AlMg		加工时间:
未注公差标准: GB/T 1804-M	机械师	产品编号:
		学号:

PAL 程序编程

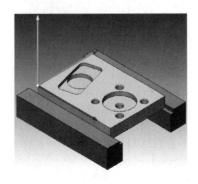

续表

程　　序	说　　明	简　　图
N1 G54	设定工件坐标系零点	
N2 T9 F250 S2100 M3	ϕ12 键槽铣刀	
N3 G72　ZA－4　LP60　BP30　D2.5　V2 RN6 E125 F250 M8 N4 G79 X25 Y(　　)Z0 AR105	加工左侧深度 4 的矩形槽	
N5　G73　ZA　－　9　R15　D2.5　V2 E125 F250 N6 G79 X(　　)Y(　　)Z0 N7 G0 Z2	加工左侧深度 9 的圆形槽	
N8　G73　ZA（　　　）　R20　D2.5　V2 E125 F250 N9 G79 X90 Y45 Z0 N10 G0 Z100 M9	加工右侧深度 9 的圆形槽	
N11 T1 F120 S800 M3	ϕ12 中心孔钻	
N12(　　)ZI－4.5 V2 M8 N13 G79 X90 Y45 Z－6 N14 G77 IA90 JA45 Z0 R28.284 AN45 AI90 O4 N15 G0 Z100 M9	钻中心孔	
N16 T10 F200 S1200 M3	ϕ8 麻花钻	

续表

程　　序	说　　明	简　　图
N17 G82 ZA-19 D5 V2 M8 N18 G23 N13 N14 N19 G0 Z100 M9	钻 $\phi 8$ 孔	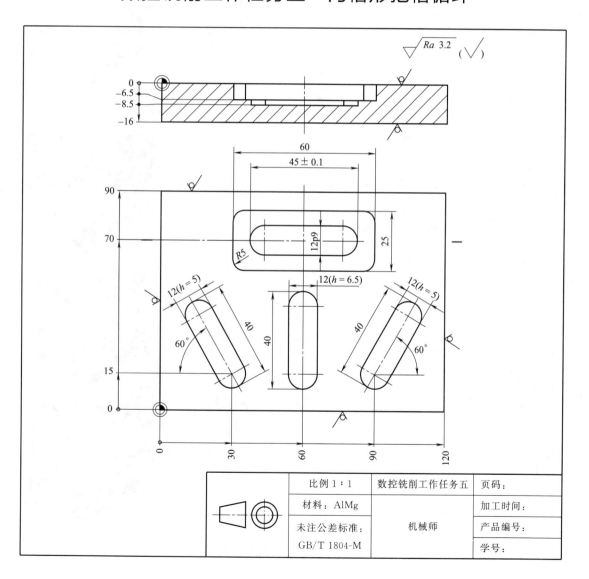
N20 M30	程序结束	

数控铣削工作任务五　沟槽形挖槽循环

$\sqrt{Ra\ 3.2}$　$(\ \sqrt{}\ )$

R5

12p9

12(h=6.5)

25

60

45±0.1

12(h=5)

12(h=5)

40

40

40

60°

60°

	比例1:1	数控铣削工作任务五	页码：
	材料：AlMg		加工时间：
	未注公差标准：	机械师	产品编号：
	GB/T 1804-M		学号：

PAL 程序编程

程　　　序	说　　明	简　　图
N1 G54	设定工件坐标系零点	
N2 T8 F200 S2500 M3	ϕ10 键槽铣刀	
N3 （　　） ZA−5 LP40 BP12 D2.5 V2 E100 F200 M8 N4 G79 X30 Y15 Z0 AR120 N5 G74 ZA−6.5 LP40 BP12 D2.5 V2 E100 F200 N6 G79 X60 Y15 Z0 AR90 N7 G74 ZA−5 LP40 BP12 D2.5 V2 E100 F200 N8 G79 X90 Y15 Z0 AR60	加工下方深度 6.5 的沟槽形	
N9 G72 ZA−6.5 LP60 BP25 D2.5 V2 RN5 E100 F200 N10 G79 X60 Y70 Z0	加工上方深度 6.5 的矩形槽	
N11 G74 ZA−8.5 LP45.05 BP11.961 D2.5 V2 E100 F200 N12 G79 X43.5 Y70 Z(　　) N13 G0 Z100 M9	加工上方深度 8.5 的矩形槽	
N14 M30	程序结束	

数控铣削工作任务六 刀具半径补偿（一）

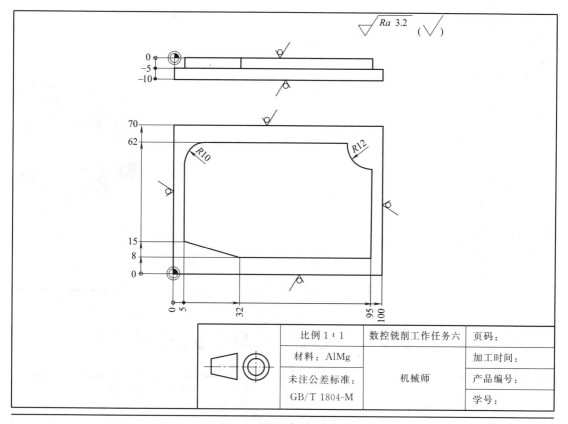

	比例 1:1	数控铣削工作任务六	页码：
	材料：AlMg		加工时间：
	未注公差标准：	机械师	产品编号：
	GB/T 1804-M		学号：

PAL 程序编程

程　序	说　明	简　图
N1 G54	设定工件坐标系零点	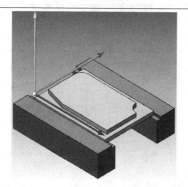

续表

程　序	说　明	简　图
N2 T3 F480 S1300 M3	ϕ20 立铣刀	
N3 G0 X112 Y−4 Z−5 M8 N4（　　） N5 G1 X95 Y8 N6 X32 N7 X5 Y15 N8 Y52 N9（　　）X15 Y62 I（　　）J（　　） N10 G1 X83 N11 G3 X95 Y50 I（　　）J（　　） N12 G1 Y8 N13（　　） N14 G1 X112 Y−4 N15 G0 Z100 M9	加工深度 5 的外轮廓	
N16 M30	程序结束	

数控铣削工作任务七　刀具半径补偿（二）

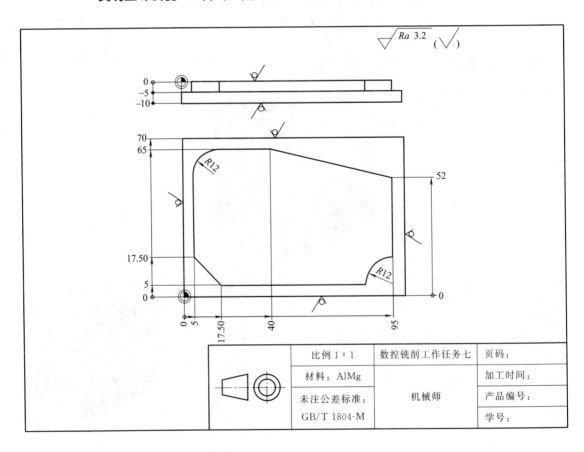

PAL 程序编程

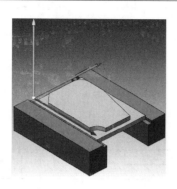

程　　序	说　　明	简　　图
N1 G54	设定工件坐标系零点	
N2 T3 F480 S1300 M3	φ20 立铣刀	
N3 G0 X95 Y－12 N4 G0 Z－5 M8 N5（　　） N6 G1 X83 Y5 N7 X17.5 N8 X5 Y17.5 N9 G1 Y53 N10 G（　　）X17 Y65 I（　　）J0 N11 G1 X40 N12 X95 Y52 N13 Y17 N14 G3 X83 Y5 I0 J（　　） N15 G（　　） N16 G1 X95 Y－12 N17 G0 Z100 M9	加工深度 5 的外轮廓	
N18 M30	程序结束	

数控铣削工作任务八　综合加工（一）

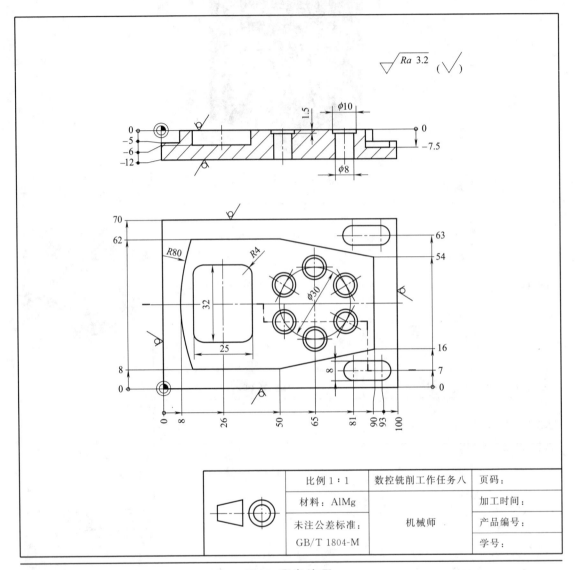

	比例 1：1	数控铣削工作任务八	页码：
	材料：AlMg		加工时间：
	未注公差标准：	机械师	产品编号：
	GB/T 1804-M		学号：

PAL 程序编程

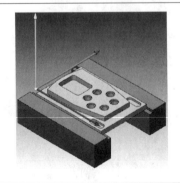

续表

程　　序	说　　明	简　　图
N1 G54	设定工件坐标系零点	
N2 T3 F480 S1300 M3	ϕ20 立铣刀	
N3 G0 X112 Y6 Z－6 M8 N4 G41 N5 G1(　　)Y16 N6 X50 Y8 N7 X9.694 N8 G2(　　)Y62(　　)(　　) N9 G1 X50 N10 X90 Y54 N11 Y－12 N12(　　) N13 G0 Z100 M9	加工深度 6 的外轮廓	
N14 T1 F120 S800 M3	ϕ12 中心孔钻	
N15 G81 ZI－2 V2 M8 N16(　　)IA65 JA35 Z0 R15 AN30 AI60 O6 N17 G0 Z100 M9	钻中心孔	
N18 T10 F200 S1200 M3	ϕ8 麻花钻	

续表

程　序	说　明	简　图
N19（　　）ZA－15 D5 V2 M8 N20 G23 N16（　　） N21 G0 Z100 M9	钻 $\phi8$ 孔	
N22 T8 F200 S2500 M3	$\phi8$ 键槽铣刀	
N23 G81 ZI－1.5 V2 M8 N24 G23 N16（　　） N25 G0 Z100 M9	铣 $\phi10$ 沉头孔	
N26 T7 F200 S3200 M3	$\phi10$ 键槽铣刀	
N27 G72 ZA－6 LP32 BP25 D2.5 V2 RN4 M8 N28 G79 X26 Y35 Z0 N29 G0 Z100 M9		
N30 T17 F160 S4200 M3	$\phi8$ 键槽铣刀	
N31（　　）ZA－8.5 LP20 BP8 D2.5 V2 W2 N32 G79 X81 Y7 Z－6.5 N33 G79 X81 Y63 Z－6.5 N34 G0 Z100 M9	加工右侧长孔	
N35 M30	程序结束	

数控铣削工作任务九 综合加工（二）

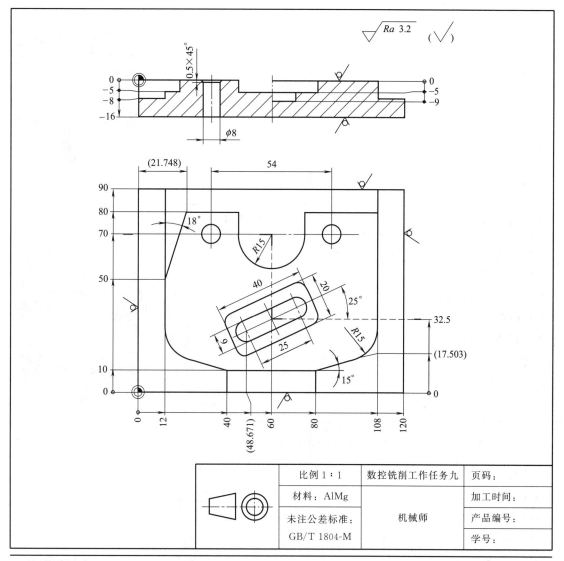

比例 1:1	数控铣削工作任务九	页码：
材料：AlMg		加工时间：
未注公差标准：GB/T 1804-M	机械师	产品编号：
		学号：

PAL 程序编程

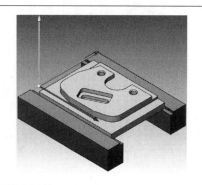

续表

程　序	说　明	简　图
N1 G54	设定工件坐标系零点	
N2 T2 F480 S1000 M3	φ25 立铣刀	
N3 G0 X123 Y105 Z－8 M8 N4 G41 N5 G1 X108 Y90 N6 Y17.503（　） N7 G1 X80 Y10 N8 X40 N9 X12 Y17.503（　） N10 G1 Y90 N11（　）	加工深度 8 的外轮廓	
N12 G1 X－3 Y105 N13 G0 Z－5 N14 Y35 N15 G41 N16 G1 X12 Y50 N17 X21.748 Y80 N18 X45 N19 Y70 N20 G3 X75 Y70（　） N21 G1 Y80 N22 X108 N23 G40 N24 G1 X123 Y105 N25 G0 Z100 M9	加工深度 5 的外轮廓	

续表

程　　序	说　　明	简　　图
N26 T7 F200 S3200 M3	$\phi 8$ 键槽铣刀	
N27（　）　ZA－5 LP40 BP20 D2 V2 RN4 E100 F200 M8 N28 G79 X60（　）Z0 AR25	加工深度 5 的矩形槽	
N29 G74 ZA－9 LP34 BP9 D2 V2 E100 F200 N30 G79（　）Y27.217（　）AR25 N31 G0 Z100 M9	加工深度 10 的长槽	
N32 T1 F120 S800 M3	$\phi 12$ 中心孔钻	
N33 G81（　）V2 M8 N34 G76 X33 Y70 Z0 AS0 D54 O2 N35 G0 Z100 M9	钻中心孔	
N36 T10 F200 S1200 M3	$\phi 8$ 麻花钻	
N37 G82 ZA－19 D5 V2 M8 N38 G76 X33 Y70 Z0 AS0（　）O2 N39 G0 Z100 M9	钻 $\phi 8$ 孔	
N40 M30	程序结束	

数控铣削工作任务十　综合加工（三）

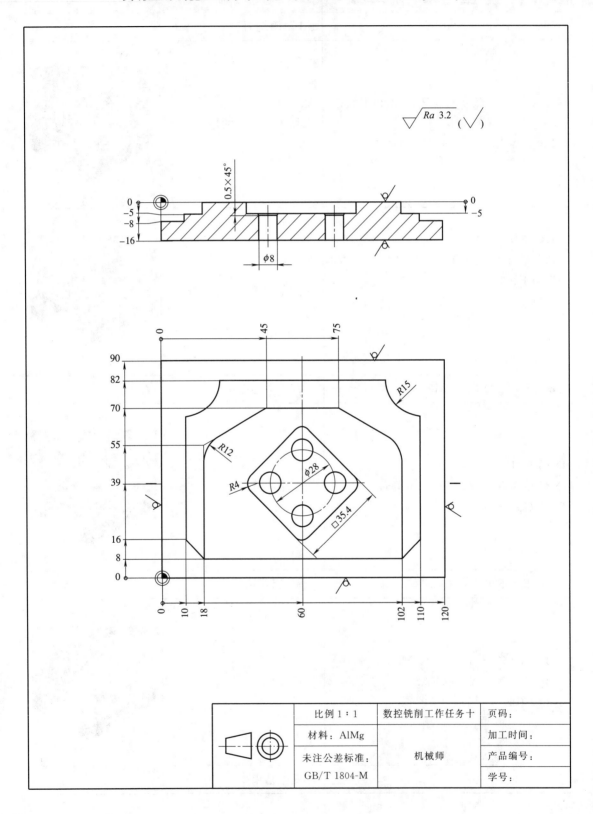

比例 1:1	数控铣削工作任务十	页码：
材料：AlMg		加工时间：
未注公差标准：	机械师	产品编号：
GB/T 1804-M		学号：

PAL 程序编程

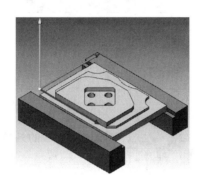

程　　　序	说　　　明	简　　　图
N1 G54	设定工件坐标系零点	
N2 T2 F480 S1000 M3	ϕ25 立铣刀	
N3 G0 X117 Y−15 Z−8 M8 N4 G41 N5 G1 Y8 N6 G1 X10（　　） N7 Y70 N8 G3 X25 Y85 I0 J15 N9 G1（　　） N10 G3 X75 Y85 I15（　　） N11 G1 X95 N12 G3 X110 Y70 I15 J0 N13 G1 Y8（　　） N14 X100 N15 G3 X77 Y−15 R23 N16 G40	加工深度 8 的外轮廓	

续表

程　　序	说　　明	简　　图
N16 G40 N17 G0（　　） N18 G0 X5 N19 G41 N20 G1 X18 N21 G1 Y55（　　） N22 X45 Y70 N23 X75 N24 X102 Y55 RN12 N25 Y－15 N26 G40 N27 G1（　　） N28 G0 Z100 M9	加工深度 5 的外轮廓	
N29 T7 F200 S3200 M3	ϕ8 键槽铣刀	
N30 G72（　　）LP35.4 BP35.4 D2.5 V1 RN4 E100 F200 M8 N31 G79 X60 Y39 Z0 AR45 N32 G0 Z100 M9	加工深度 5 的矩形槽	
N33 T1 F120 S800 M3	ϕ12 中心孔钻	
N34 G81 ZI－4 V1 M8 N35 G77（　　）JA39 Z－5 R14 AN0 AI90 O4 N36 G0 Z100 M9	钻中心孔	
N37 T10 F200 S1200 M3	ϕ8 麻花钻	
N38 G81（　　）V1 M8 N39 G23 N35 N35 N40 G0 Z100 M9	钻 ϕ8 孔	
N41 M30	程序结束	

数控铣削工作任务十一　综合加工（四）

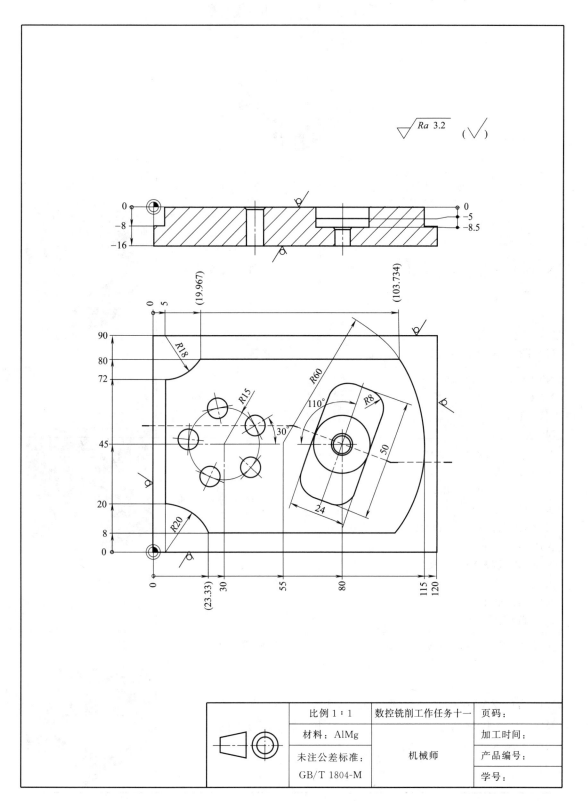

比例 1：1	数控铣削工作任务十一	页码：
材料：AlMg		加工时间：
未注公差标准：	机械师	产品编号：
GB/T 1804-M		学号：

PAL 程序编程

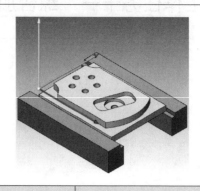

程　　序	说　　明	简　　图
N1 G54	设定工件坐标系零点	
N2 T2 F480 S1000 M3	ϕ25 立铣刀	
N3 G0 X117 Y−15 Z−8 M3 N4 G41 N5 G1 Y8 N6 X23.33 N7 G3 X5 Y20（　　） N8 G1 Y72 N9 G3 X19.967 Y80 R18 N10 G1（　　） N11 G2 X102.233 Y8 R60 N12 G1 X100 N13 G3 X77 Y−15 R23 N14（　　） N15 G1 X92 N16 G0 Z100 M9	加工深度 8 的外轮廓	
N17 T7 F200 S3200 M3	ϕ8 键槽铣刀	
N18 G72 ZA−5（　　）BP24 D2.5 V2 RN8 E100 F200 M8 N19 G79 X80 Y45 Z0 AR70	加工深度 5 的矩形槽	

程　序	说　明	简　图
N20　G73（　　　）R12　D2.5　V2 E100 F200 N21 G79 X80 Y45 Z－5 N22 G0 Z100 M9	加工深度 8.5 的圆槽	
N23 T1 F120 S800 M3	ϕ12 中心孔钻	
N24 G81 ZI－3.75 V2 M8 N25 G79 X80 Y45（　　　） N26 G81 ZI－3.5 V2 N27 G77（　　　）JA45 Z0 R15 AN30 AI72 O5 N28 G0 Z100 M9	钻中心孔	
N29 T11 F200 S1400 M3	ϕ6.8 麻花钻	
N30 G82 ZA－20 D5 V2 M8 N31 G23 N25 N25 N32 G23 N27 N27 N33 G0 Z100 M9	钻 ϕ6.8 孔	
N34 T12 S400 M3	M8 丝锥	
N35（　　　）ZA － 19.75　F1.25　M3 V3.75 M8 N36 G23 N25 N25 N37 G0 Z100 M9	攻螺纹	
N38 M30	程序结束	

数控铣削工作任务十二　综合加工（五）

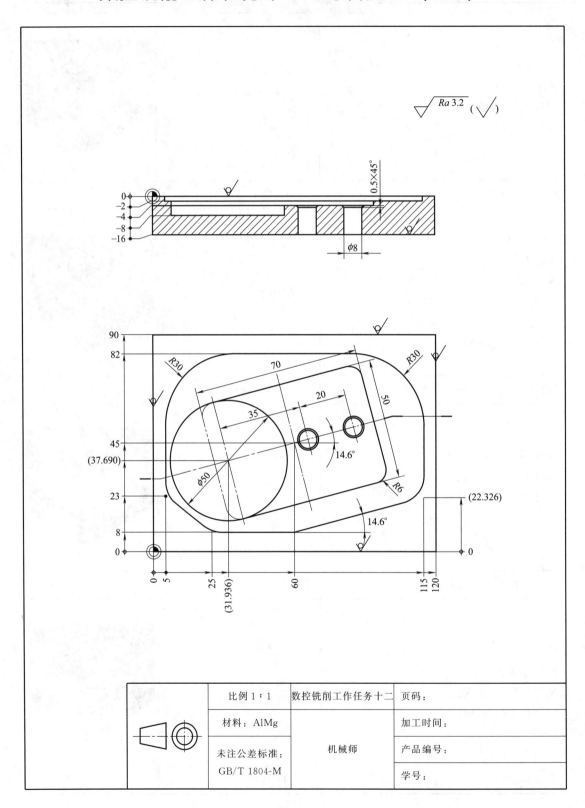

比例 1:1	数控铣削工作任务十二	页码：
材料：AlMg		加工时间：
未注公差标准：	机械师	产品编号：
GB/T 1804-M		学号：

PAL 程序编程

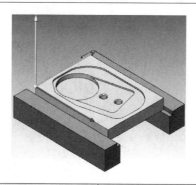

程　序	说　明	简　图
N1 G54	设定工件坐标系零点	
N2 T9 F250 S2100 M3	φ12 键槽铣刀	
N3 G72 ZA−4 LP70 BP50 D2 V2 RN6 M8 N4 G79 X60 Y45 Z0（　　）	加工深度 4 的矩形槽	
N5 G73 ZA−8 R25 D2 V2 N6 G79 X31.936 Y37.69 Z−4 N7 G0 Z100 M9	加工深度 8 的圆形槽	
N8 T2 F480 S1000 M3	φ25 键槽铣刀	

续表

程　　序	说明	简　图
N9 G0 X60 Y55 N10 G0 Z－2 M8 N11（　　） N12 G1 X80 Y62 N13 G3 X60（　　）　R20 N14 G1 X5（　　） N15 G1 Y23（　　） N16 G1 X25 Y8 RN12.5 N17 G1 X60 RN12.5 N18 G1 X115 AS14.6 RN12.5 N19 G1 Y82 RN30 N20 G1 X60 N21 G3 X40 Y62 R20 N22（　　） N23 G1 X60 Y55 N24 G0 Z100 M9	加工深度 2 的凹槽	
N25 T1 F120 S800 M3	$\phi12$ 中心孔钻	
N26 G81（　　）V2 M8 N27 G76（　　）Y46.512 Z－4 AS14.6 D20 O2 N28 G0 Z100 M9	钻中心孔	
N29 T10 F111 S1111 M3	$\phi8$ 麻花钻	
N30 G82（　　）D5 V2 M8 N31 G23 N27 N27 N32 G0 Z100	钻 $\phi8$ 孔	
N33 M30	程序结束	

数控铣削工作任务十三 综合加工（六）

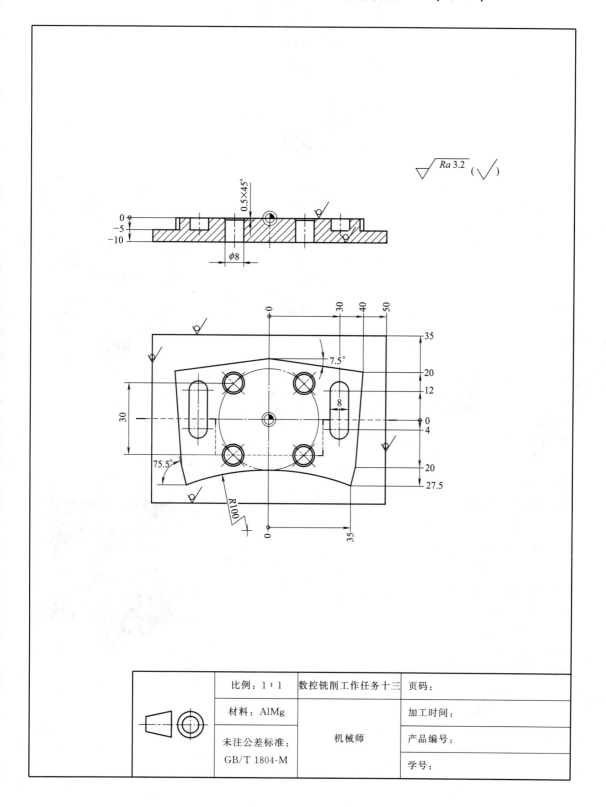

比例：1:1	数控铣削工作任务十三	页码：
材料：AlMg		加工时间：
未注公差标准： GB/T 1804-M	机械师	产品编号：
		学号：

PAL 程序编程

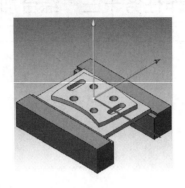

程　　　序	说　明	简　图
N1 G54	设定工件坐标系零点	
N2 T2 F480 S1000 M3	$\phi25$ 立铣刀	
N3 G0 X50 Y－50 M8 N4 G0 Z－5 N5 G41 N6 G1 X35 Y－27.5 N7 G3 X－35 Y－27.5 R100 N8 G1 X－36.94 Y－20（　　） N9 G1 X－40 Y25 N10 G1 X0 Y30.266（　　） N11 G1 X40 Y25 N12 G1（　　）Y－20 N13 G1 X35 Y－27.5 N14 G40 N15 G1 X50（　　） N16 G0 Z100 M9	加工深度 5 的外轮廓	
N17 T7 F200 S3200 M3	$\phi8$ 键槽铣刀	

续表

程　序	说　明	简　图
N18 G0 X30 Y－4 N19 G0 Z2 N20 G91 N21 G1 Z－2 N22 Z－2.5（　） N23 Y16 F200 N24 Z－2.5 F100 N25 Y－16 N26 G90 N27 G0 Z2 N28 G0 X－30（　） N29 G23 N20 N26 N30 G0 Z2 N31 G0 Z100 M9	加工深度5的长槽	
N32 T1 F120 S800 M3	ϕ12 中心孔钻	
N33 G81（　）V2 M8 N34 G76 X－15 Y－15 Z0 AS0 D30 O2 N35 G76 X－15 Y15 Z0 AS0 D30 O2 N36 G0 Z100 M9	钻中心孔	
N37 T10 F111 S1111 M3	ϕ8 麻花钻	
N38 G82（　）D5 V2 M8 N39 G23 N34 N35 N40 G0 Z100 M9	钻 ϕ8 孔	
N41 M30	程序结束	

数控铣削工作任务十四　综合加工（七）

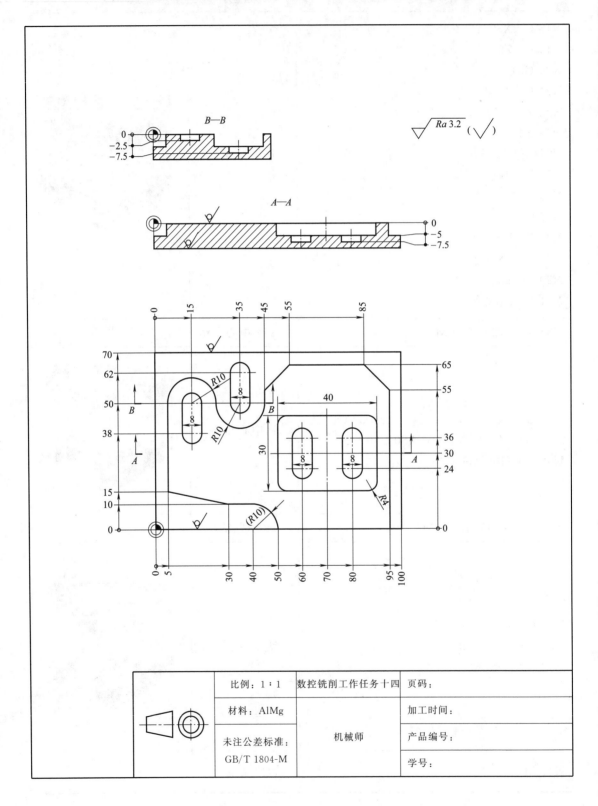

比例：1：1	数控铣削工作任务十四	页码：
材料：AlMg		加工时间：
未注公差标准：	机械师	产品编号：
GB/T 1804-M		学号：

PAL 程序编程

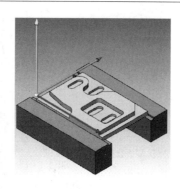

程　　序	说　明	简　　图
N1 G54	设定工件坐标系零点	
N2 T3 F480 S1300 M3	φ20 立铣刀	
N3 G0 X40 Y－12 Z－5 M8 N4(　　) N5 G1 X50 Y0 N6 G3 X40 Y10(　　)J0 N7 G1 X30 N8 X5 Y15 N9 Y50 N10 G2 X25 Y50(　　)J0 N11 G3 X45 Y50 I10 J0 N12 G1 Y65(　　) N13 X95(　　) N14 Y0 N15 G40 N16 G1 X105(　　) N17 G0 Z100 M9	加工深度 5 的外轮廓	
N18 T7 F200 S3200 M3	φ8 键槽铣刀	

程　　序	说　明	简　　图
N19（　　）ZA－5 LP40 BP30 D2.5 V2 RN4 E100 F200 M8 N20 G79 X70 Y30 Z0	加工深度 5 的 矩形槽	
N21 G0 X80（　　） N22 G0 Z－3 N23 G91 N24 G1 Z－2 N25 Z－2.5 E100 N26 Y12 N27 Z2.5 N28 Z2 N29 G90 N30 G0 X60（　　） N31 G23 N23 N29 N32 G0 Z2 N33 G0 X15 Y38 N34（　　）N23 N29 N35 G0 X35 Y50 N36 G0 Z－3 N37 G23 N23 N29 N38 G0 Z100 M9	加工深度 7.5 的长槽	
N39 M30	程序结束	

数控铣削工作任务十五 综合加工（八）

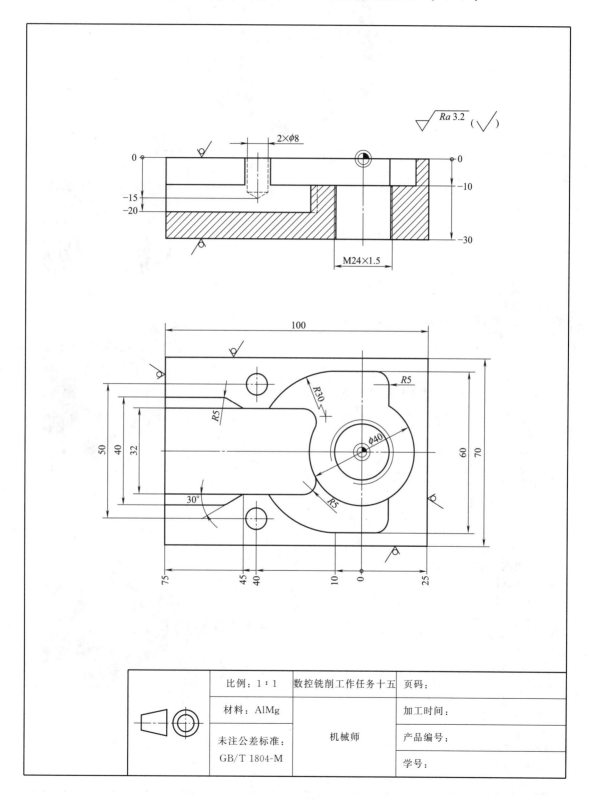

	比例：1：1	数控铣削工作任务十五	页码：
	材料：AlMg		加工时间：
		机械师	产品编号：
	未注公差标准：GB/T 1804-M		学号：

PAL 程序编程

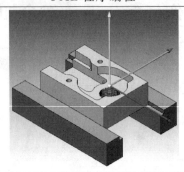

程　　　序	说　明	简　图
N1 G54	设定工件坐标系零点	
N2 T2 F700 S2000 M13	$\phi25$ 立铣刀	
N3 G72 ZA0 LP102 BP72 D5 V1 H2 N4 G79 X－25 Y0 Z2	铣顶面	
N5 F400 S2000 M13 N6 G0 X－90 Y0 Z1 N7 G0 Z1 N8 G1 Z－10 N9 G1 X－25 N10 G2 X－10 Y15 R15 N11 G1 XI5 N12 G1 YI－5 N13 G3 X5 Y0 R10 N14 G3 X－5 Y－10 R10 N15 G1 YI－5 N16 G1 XI－5 N17 G2 X－25 Y0 R15 N18 G0 Z1 N19 G0 X－90 N20 G0 Z－20 N21 G1 X－35 N22 G0 Z1 N23 G0 Z100 M9	粗加工凹槽轮廓	

程 序	说 明	简 图
N24 T8 F250 S2300 M13	ϕ10 立铣刀	
N25 G41( )D20 X−75 Y−20 Z−10 W1 N26( )AS0 N27 G61 XA−45 YA−16 AS30 N28 G61 YI0 N29 G63 XA−10 IA−10 JA0 R30 N30 G1 X10 N31 G61 XI0 N32 G63 XA10 IA0 JA0 R20 N33 G1 Y30 N34 G1 X−10 N35 G3 Y16 IA−10 JA0 N36 G1 X−45 N37 G1 Y20 AS150 N38 G1 X−75 N39 G46 G40 D11	加工深度 10 凹槽轮廓	
N40 G41 G45 D11 X−75 Y−16 Z−20 W−20 N41 G61 YI0 N42 G62 YA16 IA0 JA0 R20 N43 G1 X−75 N44( )G40 D11 W1 N45 G0 Z100 M9	加工深度 20 凹槽轮廓	
N46 F220 S1600 T1 M13	ϕ12 中心孔钻	
N47 G81 ZA−2.5 V1 N48 G79 X−40 Y25 Z0 N49 G79( ) N50 G0 Z100 M9	钻中心孔	
N51 F250 S5000 T35 M3	ϕ5 麻花钻	

续表

程　　序	说明	简　图
N52 G82 ZA−15 D10 V1 N53 G23 N48 N49 N54 G0 Z100 M9	钻 ϕ5 孔	
N55 T4 F250 S2300 M13	ϕ16 立铣刀	
N56（　）ZA−31 R11.25 D4 V1 N57 G79 X0 Y0 Z−10 N58 G0 Z100 M9	加工螺纹底孔	
N59 T22 F250 S2300 M13	M16×1.5 螺 纹铣刀	
N60（　）ZA−31.5 DN24 D1.5 Q20 V3 N61 G23 N57 N57	铣螺纹	
N62 M30	程序结束	

附录

附录一 数控车削工作任务参考程序

1. 工作任务一

数控车削工艺卡

零件名称：	材料：	程序号：
图纸：	毛坯尺寸：$\phi80\times120$	日期：

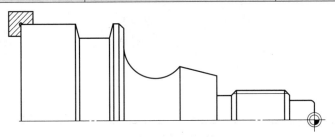

序号	内容	刀具	备注
1	检查毛坯尺寸		
2	装夹工件		
3	设置工件零点		
4	车端面,轴向长度120mm	T1	
5	粗车外轮廓	T3	X方向留0.5余量,Z方向留0.1余量
6	精车外轮廓	T5	
7	车外螺纹 M24×2	T7	螺纹牙深1.227
8	车径向槽	T9	
9	检测		
10	拆卸工件		

N1 G54	N24 G96 S200 F0.2 T3 M4
N2 G92 S3000	N25 G0 X38 Z1 M8
N3 G96 S200 F0.3 T1 M4	N26 G81 D2 AX0.5 AZ0.2
N4 G0 X82 Z0.1 M8	N27 G23 N9 N17
N5 G1 X−1.6	N28 G80
N6 G0 Z1	N29 G14 H0 M9
N7 G0 X80	N30 T5 G95 F0.1 G96 S240 M4
N8 G81 D3 AX0.5 AZ0.1 AV5	N31 G0 X0 Z2
N9 G0 X0	N32 G42
N10 G1 Z0	N33 G23 N9 N21
N11 X16.013 RN2	N34 G40
N12 Z−10	N35 G14 H0 M9
N13 X24 RN−2	N36 G97 S1590 T7 M4
N14 Z−32	N37 G0 X24 Z−4 M8
N15 X20 Z−34	N38 G31 X24 Z−36.5 F2 D1.227 Q10 O2
N16 Z−40	N39 G14 M9
N17 X36	N40 G96 S100 F0.1 T9 M4
N18 X43.387 Z−55	N41 G0 X80 Z−90 M9
N19 G2 X60 Z−78 R13	N42 G86 X66 Z−84 ET78 EB−12 AS15
N20 G1 X78 RN−2	AE15 D3 AK0.2 EP2 H14
N21 Z−102	N43 G14 M9
N22 G80 XA36	N44 M30
N23 G14 H0 M9	

2. 工作任务二

数控车削工艺卡

零件名称：		材料：		程序号：	
图纸：		毛坯尺寸：$\phi100\times100$		日期：	

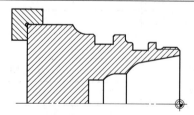

序号	内容	刀具	备注
1	检查毛坯尺寸		
2	装夹工件		

续表

序号	内容	刀具	备注
3	设置工件零点		
4	车端面,轴向长度100mm	T1	
5	粗车外轮廓		X方向留0.5余量,Z方向留0.1余量
6	钻孔ϕ20mm	T10	孔深60
7	粗车内轮廓	T2	X方向留0.5余量,Z方向留0.1余量
8	精车内轮廓	T4	
9	精车外轮廓	T3	
10	车外螺纹M72×2	T7	螺纹牙深1.227
11	车径向槽	T9	
12	检测		
13	拆卸工件		

N1 G54

N2 G92 S3000

N3 G96 S200 F0.3 T1 M4

N4 G0 X102 Z0.1 M8

N5 G1 X18

N6 Z1

N7 G0 X100

N8 G81 D3 AX0.5 AZ0.1 AV5

N9 G1 X62 Z0

N10 X72 RN−2

N11 G85 X72 Z−16 I1.4 K5

N12 X78

N13 Z−36 RN3

N14 X88

N15 G61 AS180

N16 G62 XA100 ZA−70 R10 AT0

N17 G80

N18 G14 M9

N19 G97 S1910 F0.1 T10 M3

N20 G0 X0 Z2 M8

N21 G84 ZA−60

N22 G14 M9

N23 G96 S180 F0.2 T2 M4

N24 G0 X30 Z1 M8

N25 G81 D1.5 AX−0.5 AZ0.1

N26 G1 X62 Z0

N27 G61 AS190 RN12

N28 G61 XA38 ZA−35 AS230

N29 G61 AS180

N30 G63 XA30 ZA−50 R10 AT0

N31 G80

N32 G14 M9

N33 G96 S240 F0.1 T4 M4

N34 G0 X60 Z1

N35 G41

N36 G23 N26 N30

N37 G1 ZI−1

N38 G40

N39 G1 XI−2

N40 G0 Z1

N41 G14 M9

N42 G96 S240 F0.1 T3 M4

N43 G0 X60 Z1

N44 G42

N45 G23 N9 N16

N46 G1 ZI−1

N47 G40

N48 G1 XI2

N49 G14 M9

N50 G97 S530 T7 M4

N51 G0 X72 Z6 M8

N52 G31 X72 Z−15 F2 D1.227 Q10 O2

N53 G14 M9

N54 G96 S100 F0.1 T9 M4

N55 G0 X80 Z−26

N56 G86 X78 Z−21 ET68 EB−10 RO1

N57 G0 X90

N58 G0 Z−50

N59 G86 X88 Z−44 ET76 EB−12 RO−1

N60 G14 M9

N61 M30

3. 工作任务三

数控车削工艺卡

零件名称：	材料：		程序号：
图纸：	毛坯尺寸：$\phi32\times66$		日期：

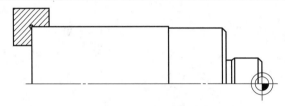

序号	内容	刀具	备注
1	检查毛坯尺寸		
2	装夹工件		
3	设置工件零点		
4	车端面,轴向长度 65.2mm	T1	
5	粗车外轮廓		X 方向留 0.5 余量,Z 方向留 0.1 余量
6	精车外轮廓	T5	
7	检测		
8	拆卸工件		

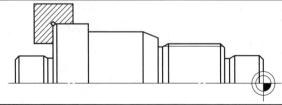

续表

序号	内容	刀具	备注
1	检查毛坯尺寸		
2	装夹工件		
3	设置工件零点		
4	车端面,轴向长度 64.2mm	T1	
5	粗车外轮廓		X 方向留 0.5 余量,Z 方向留 0.1 余量
6	精车外轮廓	T3	
7	车外螺纹 M20×1.5	T7	螺纹牙深 0.92
8	检测		
9	拆卸工件		

N1 G54
N2 G92 S3000
N3 G96 S200 F0.3 T1 M4
N4 G0 X42 Z0.2 M8
N5 G1 X－1.6
N6 G0 Z1
N7 G0 X40
N8 G81 D2.5 AX0.5 AZ0.2
N9 G0 X0
N10 G1 Z0
N11 G1 X13.979 RN－1
N12 G85 X13.979 Z－10.05 I0.25 K2 H2
N13 G1 X30 RN－1
N14 Z－20
N15 X40
N16 G80 XA12
N17 G14 M9
N18 G96 S240 F0.1 T5 M4
N19 G0 X0 Z1 M8
N20 G42
N21 G23 N10 N15
N22 G40
N23 G14 M9
N24 M999
N25 G59 ZA－1
N26 G96 S200 F0.3 T1 M4
N27 G0 X42 Z0.2 M8
N28 G1 X－1.6

N29 G0 Z1
N30 G0 X40
N31 G81 D2.5 AX0.5 AZ0.2
N32 G0 X0
N33 G1 Z0
N34 G1 X13.979 RN－1　；14h9
N35 G85 X13.979 Z－10.05 I0.25 K2 H2
N36 G1 X20 RN－1
N37 G85 X20 Z－28 I1.15 K5.2
N38 G1 X23.153　；26u8－2 * 4 * tan (20)
N39 X26.065 AS160　；26u8
N40 Z－45
N41 X40
N42 G80 XA12
N43 G14 M9
N44 G96 S240 F0.1 T5 M4
N45 G0 X0 Z1 M8
N46 G42
N47 G23 N33 N41
N48 G40
N49 G14 M9
N50 G97 S800 T7 M4
N51 G0 X20 Z－4 M8
N52 G31 X20 Z－26 F1.5 D0.92 Q8
N53 G14 M9
N54 M30

4. 工作任务四

数控车削工艺卡

零件名称：	材料：	程序号：
图纸：	毛坯尺寸：$\phi50\times87$	日期：

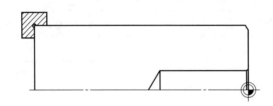

序号	内容	刀具	备注
1	检查毛坯尺寸		
2	装夹工件		
3	设置工件零点		
4	车端面，轴向长度 51.2mm	T1	
5	粗车外轮廓		X 方向留 0.5 余量，Z 方向留 0.1 余量
6	钻孔	T13	直径 $\phi15$，孔深 35
7	精车外轮廓	T3	
8	检测		
9	拆卸工件		

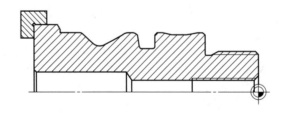

序号	内容	刀具	备注
1	检查毛坯尺寸		
2	装夹工件		
3	设置工件零点		
4	车端面，轴向长度 100mm	T1	

续表

序号	内容	刀具	备注
5	钻孔	T14	直径 $\phi 8.5$，孔深 55
6	攻螺纹	T12	M10×1.5，螺纹长 25
7	粗车外轮廓	T3	X 方向留 0.5 余量，Z 方向留 0.1 余量
8	精车外轮廓	T3	
9	车径向槽	T9	
10	车外螺纹 M30×2	T7	螺纹牙深 1.227
11	检测		
12	拆卸工件		

N1 G54

N2 G92 S3000

N3 G96 S240 G95 F0.3 T1 M4

N4 G0 Z0.1 X52

N5 G1 X−1.8

N6 G1 Z1

N7 G14 H0 M9

N8 G97 S637 G95 F0.12 T13 M3

N9 G0 X0 Z3

N10 G84 ZA−35 D20 DR2 DM15 U1 O2 VB3 M8

N11 G14 H2 M9

N12 G96 S380 G95 F0.1 T3 M4

N13 G0 Z2 X13 M8

N14 G42

N15 G1 Z0

N16 X46

N17 X52 AS120

N18 G40

N19 G14 H0 M9

N20 M999

N21 G55

N22 G96 S240 T1 M4 G95 F0.3

N23 G0 Z3 X52 M8

N24 G82 D1 H2

N25 G1 Z0

N26 G1 X−1.8

N27 G80

N28 G14 H0 M9

N29 G97 S1123 G95 F0.12 T14 M3

N30 G0 X0 Z3

N31 G84 ZA−55 D20 DR2 DM15 U1 O2 VB3 M8

N32 G14 H1 M9

N33 G97 S1000 T12 M3

N34 G0 X0 Z10 M8

N35 G32 Z−25 F1.5

N36 G14 H1 M9

N37 G96 S280 G95 F0.3 T3 M4

N38 G0 Z2 X52

N39 G81 D3 H2 AX0.5 AZ0.1 E0.12

N40 G0 X22 M8

N41 G1 Z−2 X30

N42 G85 ZA−20 XA30 I1.5 K5 H1 F0.18

N43 G1 XA44 RN1

N44 ZI−2.5 X44

N45 G2 ZI−14 X44 R25

N46 G1 Z−50

N47 XA31.556 AS210 RN5

N48 XA44 AS135 RN3

N49 Z－75	N61 G14 H0 M9
N50 X46	N62 G96 S200 G95 F0.15 T9 M4
N51 X52 AS120	N63 G0 Z－45 X45 M8
N52 G80	N64 G86 X44 Z－39 ET32 EB－7 AS0
N53 G14 H0 M9	AE10 RO－1 RU1 D3 AK0.2 EP1 H14
N54 G96 S380 G95 F0.1 T5 M4	N65 G14 H1 M9
N55 G0 Z2 X10 M8	N66 T7 G97 S1000 M4
N56 G42	N67 G0 Z6 X32 M8
N57 G1 Z0	N68 G31 X30 Z－17.5 F2 D1.227 Q10
N58 X26	O2 H14
N59 G23 N41 N51	N69 G14 H0 M9
N60 G40	N70 M30

5. 工作任务五（件一）

数控车削工艺卡

零件名称：	材料：		程序号：
图纸：	毛坯尺寸：$\phi75×45$		日期：

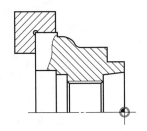

序号	内容	刀具	备注
1	检查毛坯尺寸		
2	装夹工件		
3	设置工件零点		
4	车端面，轴向长度 46mm	T1	
5	粗车外轮廓	T3	X 方向留 0.5 余量，Z 方向留 0.1 余量
6	钻孔 $\phi20$mm	T10	孔深 45
7	粗车内轮廓	T2	X 方向留 0.5 余量，Z 方向留 0.1 余量
8	精车外轮廓	T5	
9	精车内轮廓	T4	

续表

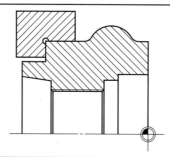

序号	内容	刀具	备注
1	检查毛坯尺寸		
2	装夹工件		
3	设置工件零点		
4	车端面,轴向长度 45mm	T1	
5	粗车外轮廓	T3	X 方向留 0.5 余量,Z 方向留 0.1 余量
6	粗车内轮廓	T2	X 方向留 0.5 余量,Z 方向留 0.1 余量
7	精车外轮廓	T5	
8	精车内轮廓	T4	
9	车内螺纹	T6	$M30 \times 1.5$,牙深 0.92
10	检测		
11	拆卸工件		

N1 G54

N2 G92 S3000

N3 G96 F0.3 S200 T1 M4

N4 G0 X77 Z0 M8

N5 G1 X18

N6 Z2

N7 G14 H0 M9

N8 G96 F0.3 S200 T3 M4

N9 G0 X77 Z1 M8

N10 G81 D2.5 AX0.4 AZ0.2

N11 G0 X44.97

N12 G1 X47.97 Z−0.5

N13 Z−8

N14 X62 RN−0.5

N15 Z−23 RN3

N16 G3 X72 Z−30.5 R8

N17 G1 Z−33

N18 G80

N19 G14 H0 M9

N20 G97 S1910 F0.05 T10 M3

N21 G0 X0 Z5

N22 G84 ZA−45 D10 M8

N23 G14 H2 M9

N24 G96 F0.2 S180 T2 M4

N25 G0 X18 Z1 M8

N26 G81 D1.5 AX−0.4 AZ0.2

N27 G0 X38.53

N28 G1 Z−10 AS188 M8

N29 X28.16

N30 Z−30

N31 X18

N32 G80

N33 G14 H2 M9

N34 G96 F0.1 S240 T5 M4

N35 G42

N36 G0 X44.97 Z1 M8

N37 G23 N12 N17

N38 G40

N39 G14 H0 M9

N40 G96 F0.1 S240 T4 M4

N41 G41

N42 G0 X38.53 Z1 M8

N43 G23 N28 N31

N44 G40

N45 G14 H2 M9

N46 M999

N47 G55

N48 G92 S3000

N49 G96 F0.3 S200 T1 M4

N50 G0 X82 Z0

N51 G1 X−1.6 M8

N52 Z1

N53 G14 H0 M9

N54 G96 F0.3 S200 T3 M4

N55 G0 X77 Z1 M8

N56 G81 D2.5 AX0.4 AZ0.2

N57 G0 X62 M8

N58 G1 Z−5 RN3

N59 G3 X72 Z−12.5 R8

N60 G1 Z−15

N61 G80

N62 G14 H0 M9

N63 G96 F0.2 S180 T2 M4

N64 G0 X18 Z1 M8

N65 G81 D1.5 AX−0.4 AZ0.2

N66 G0 X37

N67 G1 X40 Z−0.5 M8

N68 Z−10

N69 X36 RN−0.5

N70 Z−15

N71 X18

N72 G80

N73 G14 H2 M9

N74 G96 F0.1 S240 T5 M4

N75 G42

N76 G0 X62 Z1

N77 G23 N58 N60

N78 G40

N79 G14 H0 M9

N80 G96 F0.1 S240 T4 M4

N81 G41

N82 G0 X35 Z2

N83 G23 N67 N71

N84 G40

N85 G14 H2 M9

N86 G97 S1590 T6 M4

N87 G0 X28.16

N88 Z−10 M8

N89 G31 X28.16 Z − 35 F1.5 D0.92

Q8 O2

N90 G14 H2 M9

N91 M30

6. 工作任务五（件二）

数控车削工艺卡				
零件名称：		材料：		程序号：
图纸：		毛坯尺寸：φ50×30		日期：

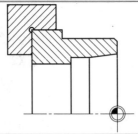

续表

序号	内容	刀具	备注
1	检查毛坯尺寸		
2	装夹工件		
3	设置工件零点		
4	车端面,轴向长度 29mm	T1	
5	粗车外轮廓	T3	X 方向留 0.5 余量,Z 方向留 0.1 余量
6	钻孔 $\phi20$mm	T10	孔深 30
7	粗车内轮廓	T2	
8	精车外轮廓	T5	
9	精车内轮廓	T4	
10	检测		
11	拆卸工件		

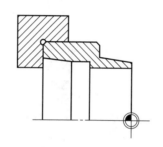

序号	内容	刀具	备注
1	检查毛坯尺寸		
2	装夹工件		
3	设置工件零点		
4	车端面,轴向长度 28mm	T1	
5	粗车外轮廓	T3	X 方向留 0.5 余量,Z 方向留 0.1 余量
6	精车外轮廓	T5	
7	检测		
8	拆卸工件		

N1 G54

N2 G92 S3000

N3 G96 F0. 3 S200 T1 M4

N4 G0 X52 Z0 M8

N5 G1 X18

N6 Z1

N7 G0 X48. 4

N8 G1 Z－20

N9 G14 H0 M9

N10 G96 F0. 3 S200 T3 M4

N11 G42

N12 G0 X42. 97 Z2 M8

N13 G1 X47. 97 Z－0. 5

N14 Z－20

N15 G40

N16 G14 H0 M9

N17 G97 S1910 F0. 05 T10 M3

N18 G0 X0 Z5 M8

N19 G84 ZA－30 D10

N20 G14 H2 M9

N21 G96 F0. 2 S180 T2 M4

N22 G0 X18 Z1 M8

N23 G81 D1. 5 AX－0. 4 AZ0. 2

N24 G0 X38. 11

N25 G1 X36 AS186 M8

N26 Z－15

N27 X32

N28 Z－30

N29 G80

N30 G14 H2 M9

N31 G96 F0. 1 S240 T4 M4

N32 G41

N33 G0 X38. 53 Z1 M8

N34 G23 N25 N28

N35 G40

N36 G0 X18

N37 G14 H2 M9

N38 M999

N39 G55

N40 G92 S3000

N41 G96 F0. 3 S200 T1 M4

N42 G0 X52 Z0

N43 G1 X28M8

N44 Z1

N45 G14 H0 M9

N46 G96 F0. 3 S200 T3 M4

N47 G0 X52 Z1 M8

N48 G81 D2. 5 AX0. 4 AZ0. 2

N49 G0 X35. 408 M8

N50 G1 Z－10 AS172

N51 X46. 97

N52 X52 AS135

N53 G80

N54 G14 H0 M9

N55 G96 F0. 1 S240 T5 M4

N56 G42

N57 G0 X35. 408 Z1

N58 G23 N50 N52

N59 G40

N60 G14 H0 M9

N61 M30

7. 工作任务五（件三）

数控车削工艺卡

零件名称：	材料：		程序号：
图纸：	毛坯尺寸：φ75×52		日期：

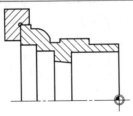

续表

序号	内容	刀具	备注
1	检查毛坯尺寸		
2	装夹工件		
3	设置工件零点		
4	车端面,轴向长度 51mm	T1	
5	粗车外轮廓	T3	X 方向留 0.5 余量,Z 方向留 0.1 余量
6	钻孔	T10	直径 $\phi 20$,孔深 52
7	粗车内轮廓	T2	X 方向留 0.5 余量,Z 方向留 0.1 余量
8	车环槽	T9	
9	精车外轮廓	T5	
10	精车内轮廓	T4	
11	检测		
12	拆卸工件		

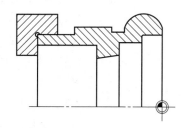

序号	内容	刀具	备注
1	检查毛坯尺寸		
2	装夹工件		
3	设置工件零点		
4	车端面,轴向长度 50mm	T1	
5	粗车外轮廓	T3	X 方向留 0.5 余量,Z 方向留 0.1 余量
6	粗车内轮廓	T2	X 方向留 0.5 余量,Z 方向留 0.1 余量
7	精车外轮廓	T5	
8	精车内轮廓	T4	
9	检测		
10	拆卸工件		

N1 G54

N2 G92 S3000

N3 G96 F0.3 S200 T1 M4

N4 G0 X77 Z0 M8

N5 G1 X18

N6 Z2

N7 G14 H0 M9

N8 G96 F0.3 S200 T3 M4

N9 G0 X77 Z1 M8

N10 G81 D2.5 AX0.4 AZ0.2

N11 G0 X55.975

N12 G1 Z-14.975

N13 X61.975

N14 Z-35

N15 G3 X72.432 Z-42.5 R8

N16 G1 Z-45

N17 G80

N18 G14 H0 M9

N19 G97 S1910 F0.05 T10 M3

N20 G0 X0 Z5 M8

N21 G84 ZA-52 D10

N22 G14 H2 M9

N23 G96 F0.2 S180 T2 M4

N24 G0 X18 Z1 M8

N25 G81 D1.5 AX-0.4 AZ0.2

N26 G0 X48.025

N27 G1 Z-24 M8

N28 X18

N29 G80

N30 G14 H2 M9

N31 G96 F0.1 S140 T9 M4

N32 G0 X64 Z-35 M8

N33 G86 X64 Z-35 ET58 EB5 AS0

N34 G14 H1 M9

N35 G96 F0.1 S240 T5 M4

N36 G42

N37 G0 X55.975 Z1 M8

N38 G23 N12 N16

N39 G40

N40 G14 H0 M9

N41 G96 F0.1 S240 T4 M4

N42 G41

N43 G0 X48.013 Z1 M8

N44 G23 N27 N28

N45 G40

N46 G14 H2 M9

N47 M999

N48 G55

N49 G92 S3000

N50 G96 F0.3 S200 T1 M4

N51 G0 X82 Z0

N52 G1 X18 M8

N53 Z1

N54 G14 H0 M9

N55 G96 F0.3 S200 T3 M4

N56 G0 X77 Z1 M8

N57 G81 D2.5 AX0.4 AZ0.2

N58 G0 X62 M8

N59 G1 Z0

N60 G3 X72.432 Z-7.5 R8

N61 G1 Z-10

N62 G80

N63 G14 H0 M9

N64 G96 F0.2 S180 T2 M4

N65 G0 X18 Z1 M8

N66 G81 D1.5 AX-0.4 AZ0.2

N67 G0 X56.015

N68 G1 Z-8 M8

N69 X50.03

N70 Z-17

N71 X39.8

N72 Z-28 AS186

N73 G80

N74 G14 H2 M9

N75 G96 F0.1 S240 T5 M4

N76 G42

N77 G0 X62 Z1

N78 G23 N59 N61

N79 G40		N84 G23 N68 N72	
N80 G14 H0 M9		N85 G40	
N81 G96 F0.1 S240 T4 M4		N86 G14 H2 M9	
N82 G41		N87 M30	
N83 G0 X56.03 Z1			

8. 工作任务五（件四）

数控车削工艺卡

零件名称：	材料：	程序号：
图纸：	毛坯尺寸：φ58×107	日期：

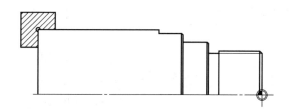

序号	内容	刀具	备注
1	检查毛坯尺寸		
2	装夹工件		
3	设置工件零点		
4	车端面，轴向长度 106mm	T1	
5	粗车外轮廓	T3	X 方向留 0.5 余量，Z 方向留 0.1 余量
6	精车外轮廓	T5	
7	车螺纹 M40×1.5	T7	
8	检测		
9	拆卸工件		

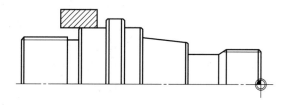

续表

序号	内容	刀具	备注
1	检查毛坯尺寸		
2	装夹工件		
3	设置工件零点		
4	车端面，轴向长度 105mm	T1	
5	粗车外轮廓	T3	X 方向留 0.5 余量，Z 方向留 0.1 余量
6	精车外轮廓	T5	
7	车螺纹 M30×1.5	T7	
8	检测		
9	拆卸工件		

N1 G54

N2 G92 S3000

N3 G96 F0.3 S200 T1 M4

N4 G0 X62 Z0 M8

N5 G1 X−1.6

N6 Z2

N7 G14 H0 M9

N8 G96 F0.3 S200 T3 M4

N9 G0 X62 Z1 M8

N10 G81 D2.5 AX0.4 AZ0.2

N11 G0 X37

N12 G1 X40 Z−0.5

N13 G85 X40 Z−25 I1.2 K5 H1

N14 G1 X47.98 RN−0.5

N15 Z−37

N16 X55.991 RN−0.5

N17 Z−47

N18 G80

N19 G14 H0 M9

N20 G96 F0.1 S240 T5 M4

N21 G42

N22 G0 X37 Z1 M8

N23 G23 N12 N17

N24 G40

N25 G14 H0 M9

N26 G97 S1590 T7 M4

N27 G0 X40 Z4.5 M8

N28 G31 X40 Z−23 F1.5 D0.92 Q8 O2

N29 G14 H0 M9

N30 M999

N31 G55

N32 G92 S3000

N33 G96 F0.3 S200 T1 M4

N34 G0 X82 Z0

N35 G1 X−1.6 M8

N36 Z2

N37 G14 H0 M9

N38 G96 F0.3 S200 T3 M4

N39 G0 X62 Z1 M8

N40 G81 D2.5 AX0.4 AZ0.2

N41 G0 X27 M8

N42 G1 X30 Z−0.5

N43 G85 X30 Z−32 I2 K17 H1

N44 G1 X35.769 RN−0.5

N45 Z−52.03 AS174

N46 X47.98 RN−0.5

N47 Z−60

N48 X54.98

N49 X58 AS135   N56 G40
N50 G80   N57 G14 H0 M9
N51 G14 H0 M9   N58 G97 S1590 T7 M4
N52 G96 F0.1 S240 T5 M4   N59 G0 X30 Z4.5 M8
N53 G42   N60 G31 X30 Z−18 F1.5 D0.92 Q8 O2
N54 G0 X27 Z1   N61 G14 H0 M9
N55 G23 N42 N49   N62 M30

9. 工作任务六（件一）

数控车削工艺卡

零件名称：	材料：	程序号：
图纸：	毛坯尺寸：$\phi80 \times 120$	日期：

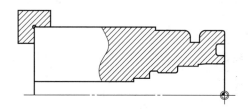

序号	内容	刀具	备注
1	检查毛坯尺寸		
2	装夹工件		
3	设置工件零点		
4	车端面,粗车外轮廓	T1	轴向长度 119mm
5	钻孔	T10	直径 $\phi20$,孔深 56
6	粗车内轮廓	T2	X 方向留 0.5 余量,Z 方向留 0.1 余量
7	精车外轮廓	T5	
8	精车内轮廓	T4	
9	车环槽	T9	
10	车轴向环槽	T11	
11	车内螺纹 M27×1.5	T6	
12	检测		
13	拆卸工件		

续表

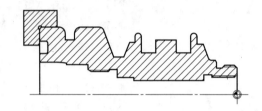

序号	内容	刀具	备注
1	检查毛坯尺寸		
2	装夹工件		
3	设置工件零点		
4	车端面，轴向长度118mm	T1	
5	粗车外轮廓	T3	X方向留0.5余量，Z方向留0.1余量
6	钻孔	T15	直径$\phi16$，孔深74
7	粗车内轮廓	T2	X方向留0.5余量，Z方向留0.1余量
8	精车外轮廓	T5	
9	精车内轮廓	T4	
10	车环槽	T9	
11	车内螺纹 M22×1.5	T6	
12	车外螺纹 M36×2	T7	
13	检测		
14	拆卸工件		

N1 G54
N2 G92 S3000
N3 G96 F0.3 S200 T1 M4
N4 G0 X82 Z0 M8
N5 G1 X18
N6 Z1
N7 X76.4
N8 Z0.2
N9 G3 X78.4 Z−0.8 R1
N10 G1 Z−38
N11 G14 H0 M9

N12 G97 S1910 T10 M3
N13 G0 X0 Z5 M8
N14 G84 ZA−56 D10 F0.05
N15 G14 H2 M9
N16 G96 F0.2 S180 T2 M4
N17 G0 X18 Z1 M8
N18 G81 D1.5 AX−0.4 AZ0.2
N19 G0 X38.016
N20 G1 Z−10 M8
N21 Z−16.013 AS185
N22 X35.02

N23 Z—29. 065

N24 X26. 16 RN—0. 5

N25 G85 X26. 16 Z—46. 012 I1. 15 K5

N26 G1 X20. 02

N27 Z—56. 012

N28 X18

N29 G80

N30 G14 H2 M9

N31 G96 F0. 1 S240 T5 M4

N32 G42

N33 G0 X60 Z2 M8

N34 G1 Z0

N35 X77. 975 RN1

N36 Z—38

N37 G40

N38 G14 H0 M9

N39 G96 F0. 1 S240 T4 M4

N40 G41

N41 G0 X38. 016 Z1 M8

N42 G23 N20 N28

N43 G40

N44 G14 H2 M9

N45 G96 F0. 1 S140 T9 M4

N46 G0 X82 Z—21

N47 G86 X77. 986 Z—21 ET64 EB6 RO3 AX0. 4 EP1 H14 DB80

N48 G14 H1 M9

N49 G96 F0. 1 S140 T11 M3

N50 G0 X47. 98 Z1 M8

N51 G88 X47. 98 Z0 ET—5. 012 EB7. 02 RO—1 RU1

N52 G14 H0 M9

N53 G97 S1590 T6 M4

N54 G0 X26. 16

N55 Z—24. 5 M8

N56 G31 X25. 16 Z—44 F1. 5 D0. 92 Q8 O2

N57 G14 H2 M9

N58 M999

N59 G55

N60 G92 S3000

N61 G96 F0. 3 S200 T1 M4

N62 G0 X82 Z0

N63 G1 X14 M8

N64 Z1

N65 G14 H0 M9

N66 G96 F0. 3 S200 T3 M4

N67 G0 X82 Z1 M8

N68 G81 D2. 5 AX0. 4 AZ0. 2

N69 G0 X34 M8

N70 G1 X36 Z—1

N71 G85 X36 Z—12 I1 K5

N72 G1 X36. 98 RN—0. 5

N73 Z—15 RN2

N74 X59 AS110 RN1

N75 Z—24. 025

N76 X66. 97 RN2

N77 Z—79. 051

N78 X77. 986 AS110 RN3

N79 Z—97

N80 G80

N81 G14 H0 M9

N82 G97 S597 T15 M3

N83 G0 X0 Z5 M8

N84 G84 ZA—64 D10 F0. 05

N85 G14 H2 M9

N86 G96 F0. 2 S180 T2 M4

N87 G0 X18. 16 Z1 M8

N88 G1 X20. 16 Z—0. 5 M8

N89 G85 X20. 16 Z—20 I1 K5

N90 X16

N91 G14 H2 M9

N92 G96 F0. 1 S240 T5 M4

N93 G42

N94 G0 X31 Z1 M8

N95 G23 N70 N79

N96 G40

N97 G14 H0 M9

N98 G96 F0. 1 S240 T4 M4

N99 G41

N100 G0 X18.16 Z1 M8

N101 G1 X20.16 Z−1 M8

N102 G85 X20.16 Z−20 I1 K5

N103 X16

N104 G40

N105 G14 H2 M9

N106 G96 F0.1 S140 T9 M4

N107 G0 X82 Z−57 M8

N108 G86 X66.97 Z−57 ET63 EB29 AK0.2 EP1 H14 DB80

N109 G86 X66.97 Z−57 ET49 EB8.51 RO2 AK0.2 EP1 H14 DB80

N110 G86 X66.97 Z−28 ET49 EB−8.51 RO2 AK0.2 EP1 H14 DB80

N111 G0 X73

N112 Z−79.051

N113 G86 X70.975 Z−79.051 ET44.987 EB16.101 AS20 AE20 RU1 D3 AX0.4 EP1 H14 DB80

N114 G0 X73

N115 Z−65

N116 G1 X61.4

N117 G0 X73

N118 G42

N119 G1 X66.97 Z−63

N120 G3 X64.97 Z−65 R2

N121 G1 X61

N122 Z−71

N123 G40

N124 G14 H1 M9

N125 G97 S1590 T6 M4

N126 G0 X20.16

N127 Z4.5 M8

N128 G31 X20.16 Z−16 F1.5 D0.92 Q6 O1

N129 G0 X18

N130 G14 H2 M9

N131 G97 S1590 T7 M4

N132 G0 X36 Z4.5 M8

N133 G31 X36 Z−10 F2 D1.23 Q6 O1

N134 G14 H0 M9

N135 M30

10. 工作任务六（件二）

数控车削工艺卡

零件名称：		材料：		程序号：	
图纸：		毛坯尺寸：φ50×120		日期：	

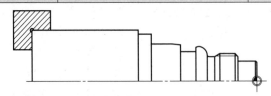

序号	内容	刀具	备注
1	检查毛坯尺寸		
2	装夹工件		
3	设置工件零点		
4	车端面，轴向长度119mm	T1	

续表

序号	内容	刀具	备注
5	粗车外轮廓	T3	X 方向留 0.5 余量,Z 方向留 0.1 余量
6	车环槽	T9	
7	精车外轮廓	T5	
8	车螺纹	T7	M28×1.5,牙深 0.92
9	检测		
10	拆卸工件		

序号	内容	刀具	备注
1	检查毛坯尺寸		
2	装夹工件		
3	设置工件零点		
4	车端面,轴向长度 118mm	T1	
5	粗车外轮廓	T3	X 方向留 0.5 余量,Z 方向留 0.1 余量
6	精车外轮廓	T5	
7	车螺纹	T7	梯形螺纹 Tr34×3,牙深 1.75

N1 G54

N2 G92 S3000

N3 G96 F0.3 S200 T1 M4

N4 G0 X52 Z0 M8

N5 G1 X−1.6

N6 Z1

N7 G14 H0 M9

N8 G96 F0.3 S200 T3 M4

N9 G0 X50 Z1 M8

N10 G81 D2.5 AX0.4 AZ0.2

N11 G0 X18.98

N12 G1 X19.98 Z−0.5

N13 Z−10

N14 X28 RN−1.5

N15 G85 X28 Z−26.13 I1.15 K6.5

N16 G1 X29

N17 G3 X34.59 Z−32 R5

N18 G1 Z−40.02

N19 X37.125

N20 X37.98 AS175

N21 Z−55.01

N22 X47.98

N23 Z−77

N24 G80

N25 G14 H0 M9

N26 G96 F0.1 S140 T9 M4

N27 G0 X40 Z－40.02 M8

N28 G86 X38 Z－40.02 ET30 EB8.02 AK0.2 EP1 H14 DB80

N29 G0 X50

N30 Z－68

N31 G86 X50 Z－68 ET37 EB6.01 AK0.2 EP1 H14 DB80

N32 G14 H1 M9

N33 G96 F0.1 S240 T5 M4

N34 G42

N35 G0 X18.98 Z1 M8

N36 G23 N12 N23

N37 G40

N38 G14 H0 M9

N39 G97 S1590 T7 M4

N40 G0 X28 Z－5.5 M8

N41 G31 X28 Z－24 F1.5 D0.92 Q6 O1

N42 G14 H0 M9

N43 M999

N44 G55

N45 G92 S3000

N46 G96 F0.3 S200 T1 M4

N47 G0 X52 Z0 M8

N48 G1 X－1.6

N49 Z1

N50 G14 H0 M9

N51 G96 F0.3 S200 T3 M4

N52 G0 X50 Z1 M8

N53 G81 D2.5 AX0.4 AZ0.2

N54 G0 X28

N55 G1 X34 Z－2

N56 Z－13

N57 X30 AS225

N58 Z－20.02

N59 X36

N60 Z－43 AS170

N61 X50

N62 G80

N63 G14 H0 M9

N64 G96 F0.1 S240 T5 M4

N65 G42

N66 G0 X28 Z1 M8

N67 G23 N55 N61

N68 G40

N69 G14 H0 M9

N70 G97 S1590 T7 M4

N71 G0 X34 Z6 M8

N72 G31 X34 Z－17 F3 D1.75 Q10 O2 H14

N73 G14 H0 M9

N74 M30

11. 工作任务六（件三）

数控车削工艺卡

零件名称：	材料：		程序号：
图纸：	毛坯尺寸：$\phi 80 \times 52$		日期：

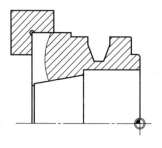

右上角：续表

序号	内容	刀具	备注
1	检查毛坯尺寸		
2	装夹工件		
3	设置工件零点		
4	车端面,轴向长度 51mm	T1	
5	粗车外轮廓	T3	X 方向留 0.5 余量,Z 方向留 0.1 余量
6	钻孔 $\phi20$mm	T10	直径 $\phi20$,通孔
7	粗车内轮廓	T2	X 方向留 0.5 余量,Z 方向留 0.1 余量
8	精车外轮廓	T5	
9	精车内轮廓	T4	
10	车环槽	T9	
11	检测		
12	拆卸工件		

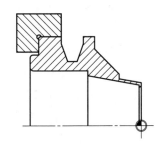

序号	内容	刀具	备注
1	检查毛坯尺寸		
2	装夹工件		
3	设置工件零点		
4	车端面,轴向长度 50mm	T1	
5	粗车外轮廓	T3	X 方向留 0.5 余量,Z 方向留 0.1 余量
6	精车外轮廓	T5	
7	检测		
8	拆卸工件		

N1 G54

N2 G92 S3000

N3 G96 F0.3 S200 T1 M4

N4 G0 X82 Z0 M8

N5 G1 X18

N6 Z2

N7 G14 H0 M9

N8 G96 F0.3 S200 T3 M4

N9 G0 X80 Z1 M8

N10 G81 D2.5 AX0.4 AZ0.2

N11 G0 X58

N12 G1 Z0

N13 X61.98 RN1

N14 Z−4

N15 X78 RN1

N16 Z−30

N17 G80

N18 G14 H0 M9

N19 G97 S1910 T10 M3

N20 G0 X0 Z5 M8

N21 G84 ZA−52 D10 F0.05

N22 G14 H2 M9

N23 G96 F0.2 S180 T2 M4

N24 G0 X18 M8

N25 Z2

N26 G81 D1.5 AX−0.4 AZ0.2

N27 G0 X50

N28 G1 Z0 M8

N29 X48.02 RN1

N30 Z−26.06

N31 X43.758

N32 Z−49 AS190

N33 X34.13

N34 Z−52

N35 G80

N36 G14 H2 M9

N37 G96 F0.1 S240 T5 M4

N38 G42

N39 G0 X55.975 Z1 M8

N40 G23 N12 N16

N41 G40

N42 G14 H0 M9

N43 G96 F0.1 S240 T4 M4

N44 G41

N45 G0 X62 Z1 M8

N46 G23 N28 N34

N47 G40

N48 G14 H2 M9

N49 G96 F0.1 S140 T9 M4

N50 G0 X80 Z−24 M8

N51 G86 X80 Z−24 ET72 EB10.03
AK0.2 EP1 H1 DB80

N52 G86 X72.3 Z−23.6 ET56.3 EB9.2
AS20 AE20 D1 EP1 H1 DB80 V2

N53 G0 X90

N54 G41

N55 G0 X80 Z−24

N56 G1 X72

N57 X56.01 AS110

N58 Z−20

N59 G0 X90

N60 G40

N61 G42

N62 G0 X80 Z−16.97

N63 G1 X72

N64 X56.01 AS250

N65 Z−20

N66 G40

N67 G14 H1 M9

N68 M999

N69 G55

N70 G92 S3000 M4

N71 G96 F0.3 S200 T1 M8

N72 G0 X82 Z0

N73 G1 X18

N74 Z1

N75 G14 H0 M9

N76 G96 F0.3 S200 T3 M4

N77 G0 X82 Z1 M8

N78 G81 D2.5 AX0.4 AZ0.2

N79 G0 X36.973 M8

N80 G1 Z-10.03 AS170

N81 X45

N82 Z-21.02 AS135

N83 X82

N84 G80

N85 G14 H0 M9

N86 G96 F0.1 S240 T5 M4

N87 G42

N88 G0 X36.973 Z1 M8

N89 G23 N80 N83

N90 G40

N91 G14 H0 M9

N92 M30

12. 工作任务六（件四）

数控车削工艺卡

零件名称：	材料：		程序号：
图纸：	毛坯尺寸：$\phi80\times52$		日期：

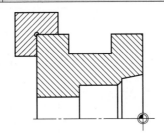

序号	内容	刀具	备注
1	检查毛坯尺寸		
2	装夹工件		
3	设置工件零点		
4	车端面，轴向长度 51mm；	T1	
5	粗车外轮廓		X 方向留 0.5 余量，Z 方向留 0.1 余量
6	钻孔 $\phi20$mm	T10	直径 $\phi20$，通孔
7	粗车内轮廓	T2	X 方向留 0.5 余量，Z 方向留 0.1 余量
8	精车外轮廓	T5	
9	精车内轮廓	T4	
10	车环槽	T9	
11	检测		
12	拆卸工件		

续表

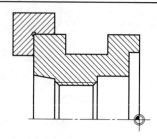

序号	内容	刀具	备注
1	检查毛坯尺寸		
2	装夹工件		
3	设置工件零点		
4	车端面,轴向长度50mm	T1	
5	粗车外轮廓		X方向留0.5余量,Z方向留0.1余量
6	粗车内轮廓	T2	X方向留0.5余量,Z方向留0.1余量
7	精车外轮廓	T5	
8	精车内轮廓	T4	
9	车内梯形螺纹	T6	梯形螺纹Tr36×3,牙深1.75
10	检测		
11	拆卸工件		

N1 G54	N16 G0 X18 Z1 M8
N2 G92 S3000	N17 G81 D1.5 AX−0.4 AZ0.2
N3 G96 F0.3 S200 T1 M4	N18 G0 X40.852
N4 G0 X82 Z0 M8	N19 G1 Z−10 AS190
N5 G1 X18	N20 X30.5 RN−1.5
N6 Z2	N21 Z−30
N7 G0 X75.4	N22 X18
N8 G1 X77.795 Z−0.5	N23 G80
N9 Z−36	N24 G14 H2 M9
N10 G14 H0 M9	N25 G96 F0.1 S240 T5 M4
N11 G97 S1910 T10 M3	N26 G42
N12 G0 X0 Z5 M8	N27 G0 X74.975 Z1 M8
N13 G84 ZA−52 D10 F0.05	N28 G1 X77.975 Z−0.5
N14 G14 H2 M9	N29 Z−36
N15 G96 F0.2 S180 T2 M4	N30 G40

N31 G14 H0 M9

N32 G96 F0. 1 S240 T4 M4

N33 G41

N34 G0 X40. 852 Z1 M8

N35 G23 N19 N22

N36 G40

N37 G14 H2 M9

N38 G96 F0. 1 S140 T9 M4

N39 G0 X80 Z−35 M8

N40 G86 X78 Z−35 ET60 EB20 AK0. 2
EP1 H14 DB80

N41 G14 H1 M9

N42 M999

N43 G55

N44 G92 S3000 M4

N45 G96 F0. 3 S200 T1 M8

N46 G0 X82 Z0 M8

N47 G1 X18

N48 Z2

N49 G0 X75. 4

N50 G1 X77. 975 Z−0. 5

N51 Z−16

N52 G14 H0 M9

N53 G96 F0. 2 S180 T2 M4

N54 G0 X18 Z1 M8

N55 G81 D1. 5 AX−0. 4 AZ0. 2

N56 G0 X62. 02

N57 G1 Z−5

N58 X40

N59 Z−20

N60 X33. 5

N61 X28. 5 AS45

N62 G80

N63 G14 H2 M9

N64 G96 F0. 1 S240 T5 M4

N65 G42

N66 G0 X74. 99 Z1 M8

N67 G1 X77. 99 Z−0. 5

N68 Z−16

N69 G40

N70 G14 H0 M9

N71 G96 F0. 1 S240 T4 M4

N72 G41

N73 G0 X62. 02 Z1 M8

N74 G23 N57 N61

N75 G40

N76 G14 H2 M9

N77 G97 S1590 T6 M4

N78 G0 X30. 5

N79 Z−14 M8

N80 G31 X30. 5 Z−46 F3 D1. 75 Q10 O2

N81 G14 H2 M9

N82 M30

附录二 数控铣削工作任务参考程序

1. 工作任务一

N1 G54

N2 T1 F120 S800 M13

N3 G81 ZI−4. 5 V2 M8

N4 G76 X110 Y45 Z0 AS180 D100 O2

N5 G77 IA60 JA45 Z0 R35 AN0 AI60 O6

N6 G77 IA60 JA45 Z0 R14 AN54 AI72 O5

N7 G0 Z100 M9

N8 T10 F200 S1200 M13

N9 G82 ZA−19 D7 V2 M8

N10 G23 N4 N6

N11 G0 Z100 M9

N12 M30

2. 工作任务二

N1 G54

N2 G59 XA60 YA45

N3 T2 F480 S1000 M13

N4 G0 X－52.5 Y－58 Z－7

N5 G1 Y58

N6 G0 X52.5 Z－3

N7 G1 Y－58

N8 G0 Z100 M9

N9 T1 F120 S800 M13

N10 G81 ZI－4.5 V1 F120

N11 G76 X－50 Y－30 Z－7 AS90 D30 O3 W2

N12 G76 X50 Y－30 Z－3 AS90 D30 O3

N13 G0 Z100 M9

N14 T10 F200 S1200 M13

N15 G81 ZA－19 V1

N16 G76 X－50 Y－30 Z－7 AS90 D30 O3 W2

N17 G76 X50 Y－30 Z－3 AS90 D30 O3

N18 G0 Z200 M9

N19 M30

3. 工作任务三

N1 G54

N2 T8 F200 S2500 M3

N3 G72 ZA－5 LP70 BP35 D2.5 V2 RN5 E100 F200 M8

N4 G79 X25 Y45 Z0 AR90

N5 G72 ZA－10 LP60 BP25 D2.5 V2 RN5 E100 F200

N6 G79 X25 Y45 Z－5 AR90

N7 G72 ZA－6.5 LP45 BP45 D2.5 V2 RN5 E100 F200

N8 G79 X85 Y45 Z0 AR45

N9 G0 Z100 M9

N10 T10 F200 S1200 M3

N11 G82 ZA－19 D5 V2 M8

N12 G77 IA85 JA45 Z－6.5 R15 AN－45 AI60 O6

N13 G0 Z100 M9

N14 M30

4. 工作任务四

N1 G54

N2 T9 F250 S2100 M3

N3 G72 ZA－4 LP60 BP30 D2.5 V2 RN6 E125 F250 M8

N4 G79 X25 Y45 Z0 AR105

N5 G73 ZA－9 R15 D2.5 V2 E125 F250

N6 G79 X25 Y45 Z0

N7 G0 Z2

N8 G73 ZA－6 R20 D2.5 V2 E125 F250

N9 G79 X90 Y45 Z0

N10 G0 Z100 M9

N11 T1 F120 S800 M3

N12 G81 ZI－4.5 V2 M8

N13 G79 X90 Y45 Z－6

N14 G77 IA90 JA45 Z0 R28.284 AN45 AI90 O4

N15 G0 Z100 M9

N16 T10 F200 S1200 M3

N17 G82 ZA－19 D5 V2 M8

N18 G23 N13 N14

N19 G0 Z100 M9

N20 M30

5. 工作任务五

N1 G54

N2 T8 F200 S2500 M3

N3 G74 ZA－5 LP40 BP12 D2.5 V2 E100 F200 M8

N4 G79 X30 Y15 Z0 AR120

N5 G74 ZA－6.5 LP40 BP12 D2.5 V2 E100 F200

N6 G79 X60 Y15 Z0 AR90

N7 G74 ZA－5 LP40 BP12 D2.5 V2 E100 F200

N8 G79 X90 Y15 Z0 AR60

N9 G72 ZA－6.5 LP60 BP25 D2.5 V2 RN5 E100 F200

N10 G79 X60 Y70 Z0

N11 G74 ZA－8.5 LP45.05 BP11.961 D2.5 V2 E100 F200

N12 G79 X43.5 Y70 Z－6.5

N13 G0 Z100 M9

N14 M30

6. 工作任务六

N1 G54

N2 T3 F480 S1300 M3

N3 G0 X112 Y－4 Z－5 M8

N4 G41

N5 G1 X95 Y8

N6 X32

N7 X5 Y15

N8 Y52

N9 G2 X15 Y62 I10 J0

N10 G1 X83

N11 G3 X95 Y50 I12 J0

N12 G1 Y8

N13 G40

N14 G1 X112 Y－4

N15 G0 Z100 M9

N16 M30

7. 工作任务七

N1 G54

N2 T3 F480 S1300 M3

N3 G0 X95 Y－12

N4 G0 Z－5 M8

N5 G41

N6 G1 X83 Y5

N7 X17.5

N8 X5 Y17.5

N9 G1 Y53

N10 G2 X17 Y65 I12 J0

N11 G1 X40

N12 X95 Y52

N13 Y17

N14 G3 X83 Y5 I0 J－12

N15 G40

N16 G1 X95 Y－12

N17 G0 Z100 M9

N18 M30

8. 工作任务八

N1 G54

N2 T3 F480 S1300 M3

N3 G0 X112 Y6 Z－6 M8

N4 G41

N5 G1 X90 Y16

N6 X50 Y8

N7 X9.694

N8 G2 X9.694 Y62 I75.306 J27

N9 G1 X50

N10 X90 Y54

N11 Y－12

N12 G40

N13 G0 Z100 M9

N14 T1 F120 S800 M3

N15 G81 ZI－2 V2 M8

N16 G77 IA65 JA35 Z0 R15 AN30 AI60 O6

N17 G0 Z100 M9

N18 T10 F200 S1200 M3

N19 G82 ZA－15 D5 V2 M8

N20 G23 N16 N16

N21 G0 Z100 M9

N22 T51 F200 S2500 M3

N23 G81 ZI－1.5 V2 M8

N24 G23 N16 N16

N25 G0 Z100 M9

N26 T7 F200 S3200 M3

N27 G72 ZA－6 LP32 BP25 D2.5 V2 RN4 M8

N28 G79 X26 Y35 Z0

N29 G0 Z100 M9

N30 T17 F160 S4200 M3

N31 G74 ZA－8.5 LP20 BP8 D2.5 V2 W2 M8

N32 G79 X81 Y7 Z－6.5

N33 G79 X81 Y63 Z－6.5

N34 G0 Z100 M9

N35 M30

9. 工作任务九

N1 G54

N2 T2 F480 S1000 M3

N3 G0 X123 Y105 Z－8 M8

N4 G41

N5 G1 X108 Y90

N6 Y17.503 RN15

N7 G1 X80 Y10

N8 X40

N9 X12 Y17.503 RN15

N10 G1 Y90

N11 G40

N12 G1 X－3 Y105

N13 G0 Z－5

N14 Y35

N15 G41

N16 G1 X12 Y50

N17 X21.748 Y80

N18 X45

N19 Y70

N20 G3 X75 Y70 R15

N21 G1 Y80

N22 X108

N23 G40

N24 G1 X123 Y105

N25 G0 Z100 M9

N26 T7 F200 S3200 M3

N27 G72 ZA－5 LP40 BP20 D2 V2 RN4 E100 F200 M8

N28 G79 X60 Y32.5 Z0 AR25

N29 G74 ZA － 9 LP34 BP9 D2 V2 E100 F200

N30 G79 X48.671 Y27.217 Z－5 AR25

N31 G0 Z100 M9

N32 T1 F120 S800 M3

N33 G81 ZI－4.5 V2 M8

N34 G76 X33 Y70 Z0 AS0 D54 O2

N35 G0 Z100 M9

N36 T10 F200 S1200 M3

N37 G82 ZA－19 D5 V2 M8

N38 G76 X33 Y70 Z0 AS0 D54 O2

N39 G0 Z100 M9

N40 M30

10. 工作任务十

N1 G54

N2 T2 F480 S1000 M3

N3 G0 X117 Y－15 Z－8 M8

N4 G41

N5 G1 Y8

N6 G1 X10 RN－8

N7 Y70

N8 G3 X25 Y85 I0 J15

N9 G1 X45

N10 G3 X75 Y85 I15 J25.981

N11 G1 X95

N12 G3 X110 Y70 I15 J0

N13 G1 Y8 RN－8

N14 X100

N15 G3 X77 Y－15 R23

N16 G40

N17 G0 Z－5

N18 G0 X5

N19 G41

N20 G1 X18

N21 G1 Y55 RN12

N22 X45 Y70

N23 X75

N24 X102 Y55 RN12

N25 Y－15

N26 G40

N27 G1 X115

N28 G0 Z100 M9

N29 T7 F200 S3200 M3

N30 G72 ZI－5 LP35.4 BP35.4 D2.5 V1 RN4 E100 F200 M8

N31 G79 X60 Y39 Z0 AR45

N32 G0 Z100 M9

N33 T1 F120 S800 M3

N34 G81 ZI－4 V1 M8

N35 G77 IA60 JA39 Z－5 R14 AN0 AI90 O4

N36 G0 Z100 M9

N37 T10 F200 S1200 M3

N38 G81 ZA－19 V1 M8

N39 G23 N35 N35

N40 G0 Z100 M9

N41 M30

11. 工作任务十一

N1 G54

N2 T2 F480 S1000 M3

N3 G0 X117 Y－15 Z－8 M3

N4 G41

N5 G1 Y8

N6 X23.33

N7 G3 X5 Y20 R20

N8 G1 Y72

N9 G3 X19.967 Y80 R18

N10 G1 X103.734

N11 G2 X102.233 Y8 R60

N12 G1 X100

N13 G3 X77 Y－15 R23

N14 G40

N15 G1 X92

N16 G0 Z100 M9

N17 T7 F200 S3200 M3

N18 G72 ZA－5 LP50 BP24 D2.5 V2 RN8 E100 F200 M8

N19 G79 X80 Y45 Z0 AR70

N20 G73 ZA－8.5 R12 D2.5 V2 E100 F200

N21 G79 X80 Y45 Z－5

N22 G0 Z100 M9

N23 T1 F120 S800 M3

N24 G81 ZI－3.75 V2 M8

N25 G79 X80 Y45 Z－8.5

N26 G81 ZI－3.5 V2

N27 G77 IA30 JA45 Z0 R15 AN30 AI72 O5

N28 G0 Z100 M9

N29 T11 F200 S1400 M3

N30 G82 ZA－20 D5 V2 M8

N31 G23 N25 N25

N32 G23 N27 N27

N33 G0 Z100 M9

N34 T12 S400 M3

N35 G84 ZA－19.75 F1.25 M3 V3.75 M8

N36 G23 N25 N25

N37 G0 Z100 M9

N38 M30

12. 工作任务十二

N1 G54

N2 T9 F250 S2100 M3

N3 G72 ZA－4 LP70 BP50 D2 V2 RN6 M8

N4 G79 X60 Y45 Z0 AR14.6

N5 G73 ZA－8 R25 D2 V2

N6 G79 X31.936 Y37.69 Z－4

N7 G0 Z100 M9

N8 T2 F480 S1000 M3

N9 G0 X60 Y55

N10 G0 Z－2 M8

N11 G41

N12 G1 X80 Y62

N13 G3 X60 Y82 R20

N14 G1 X5 RN32

N15 G1 Y23 RN12.5

N16 G1 X25 Y8 RN12.5

N17 G1 X60 RN12.5

N18 G1 X115 AS14.6 RN12.5

N19 G1 Y82 RN30

N20 G1 X60

N21 G3 X40 Y62 R20

N22 G40

N23 G1 X60 Y55

N24 G0 Z100 M9

N25 T1 F120 S800 M3

N26 G81 ZI−4.5 V2 M8

N27 G76 X65.806 Y46.512 Z−4 AS14.6

D20 O2

N28 G0 Z100 M9

N29 T10 F111 S1111 M3

N30 G82 ZA−19 D5 V2 M8

N31 G23 N27 N27

N32 G0 Z100

N33 M30

13. 工作任务十三

N1 G54

N2 T2 F480 S1000 M3

N3 G0 X50 Y−50 M8

N4 G0 Z−5

N5 G41

N6 G1 X35 Y−27.5

N7 G3 X−35 Y−27.5 R100

N8 G1 X−36.94 Y−20 AS104.5

N9 G1 X−40 Y25

N10 G1 X0 Y30.266 AS7.5

N11 G1 X40 Y25

N12 G1 X36.94 Y−20

N13 G1 X35 Y−27.5

N14 G40

N15 G1 X50 Y−50

N16 G0 Z100 M9

N17 T7 F200 S3200 M3

N18 G0 X30 Y−4

N19 G0 Z2

N20 G91

N21 G1 Z−2

N22 Z−2.5 E100

N23 Y16 F200

N24 Z−2.5 F100

N25 Y−16

N26 G90

N27 G0 Z2

N28 G0 X−30 Y−4

N29 G23 N20 N26

N30 G0 Z2

N31 G0 Z100 M9

N32 T1 F120 S800 M3

N33 G81 ZI−4 V2 M8

N34 G76 X−15 Y−15 Z0 AS0 D30 O2

N35 G76 X−15 Y15 Z0 AS0 D30 O2

N36 G0 Z100 M9

N37 T10 F111 S1111 M3

N38 G82 ZA−19 D5 V2 M8

N39 G23 N34 N35

N40 G0 Z100 M9

N41 M30

14. 工作任务十四

N1 G54

N2 T3 F480 S1300 M3

N3 G0 X40 Y−12 Z−5 M8

N4 G41

N5 G1 X50 Y0

N6 G3 X40 Y10 I−10 J0

N7 G1 X30

N8 X5 Y15

N9 Y50

N10 G2 X25 Y50 I10 J0

N11 G3 X45 Y50 I10 J0

N12 G1 Y65 RN−10

N13 X95 RN−10

N14 Y0

N15 G40

N16 G1 X105 Y−12

N17 G0 Z100 M9

N18 T7 F200 S3200 M3

N19 G72 ZA−5 LP40 BP30 D2.5 V2 RN4

E100 F200 M8

N20 G79 X70 Y30 Z0

N21 G0 X80 Y24
N22 G0 Z－3
N23 G91
N24 G1 Z－2
N25 Z－2.5 E100
N26 Y12
N27 Z2.5
N28 Z2
N29 G90
N30 G0 X60 Y24
N31 G23 N23 N29
N32 G0 Z2
N33 G0 X15 Y38
N34 G23 N23 N29
N35 G0 X35 Y50
N36 G0 Z－3
N37 G23 N23 N29
N38 G0 Z100 M9
N39 M30

15. 工作任务十五

N1 G54
N2 T2 F700 S2000 M13
N3 G72 ZA0 LP102 BP72 D5 V1 H2
N4 G79 X－25 Y0 Z2
N5 F400 S2000 M13
N6 G0 X－90 Y0 Z1
N7 G0 Z1
N8 G1 Z－10
N9 G1 X－25
N10 G2 X－10 Y15 R15
N11 G1 XI5
N12 G1 YI－5
N13 G3 X5 Y0 R10
N14 G3 X－5 Y－10 R10
N15 G1 YI－5
N16 G1 XI－5
N17 G2 X－25 Y0 R15
N18 G0 Z1
N19 G0 X－90
N20 G0 Z－20
N21 G1 X－35

N22 G0 Z1
N23 G0 Z100 M9
N24 T8 F250 S2300 M13
N25 G41 G45 D20 X－75 Y－20 Z－10 W1
N26 G61 AS0
N27 G61 XA－45 YA－16 AS30
N28 G61 YI0
N29 G63 XA－10 IA－10 JA0 R30
N30 G1 X10
N31 G61 XI0
N32 G63 XA10 IA0 JA0 R20
N33 G1 Y30
N34 G1 X－10
N35 G3 Y16 IA－10 JA0
N36 G1 X－45
N37 G1 Y20 AS150
N38 G1 X－75
N39 G46 G40 D11
N40 G41 G45 D11 X－75 Y－16 Z－20 W－20
N41 G61 YI0
N42 G62 YA16 IA0 JA0 R20
N43 G1 X－75
N44 G46 G40 D11 W1
N45 G0 Z100 M9
N46 F220 S1600 T1 M13
N47 G81 ZA－2.5 V1
N48 G79 X－40 Y25 Z0
N49 G79 YI－50
N50 G0 Z100 M9
N51 F250 S5000 T35 M3
N52 G82 ZA－15 D10 V1
N53 G23 N48 N49
N54 G0 Z100 M9
N55 T4 F250 S2300 M13
N56 G87 ZA－31 R11.25 D4 V1
N57 G79 X0 Y0 Z－10
N58 G0 Z100 M9
N59 T22 F250 S2300 M13
N60 G88 ZA－31.5 DN24 D1.5 Q20 V3
N61 G23 N57 N57
N62 M30